die Buchreihe zur website

mathetreff-online
www.mathetreff-online.de

Schriftliche Rechenverfahren
einfach erklärt

Hallo!
Ich bin **Mady** und lerne mit dir die schriftlichen Rechenverfahren. Ich wünsche dir viel Spaß beim Lernen und Üben!

Dieses Buch gehört:
_____

Copyright © Christian Hensel (»Chris« – mathetreff-online.de-Team)

Dieses Buch darf ohne die schriftliche Genehmigung des Autors weder ganz noch teilweise kopiert, foto-kopiert, reproduziert, übersetzt oder in elektronische oder maschinenlesbare Form konvertiert werden. Der Benutzer darf dieses Buch weder ganz noch teilweise für andere Zwecke drucken, reproduzieren, weiter-geben oder weiterverkaufen. Dies gilt insbesondere für kommerzielle Zwecke, wie den Verkauf von Kopien dieses Buches.

Der Autor übernimmt keine Haftung für die Vollständigkeit und Richtigkeit. Irrtümer vorbehalten.

1. Auflage: 15.12.16

ISBN: 9783741275449

Herstellung und Verlag: Books on Demand GmbH, Norderstedt

Inhaltsverzeichnis

1. Vorwort 3
2. Schriftliche Rechenverfahren 4
   - 2.1. Die Bausteine der Zahlen 5
   - 2.2. Die Position macht den Wert 5
3. Die schriftliche Addition 8
   - 3.1. Grundlagen der Addition 8
   - 3.2. Die schriftliche Addition 9
   - 3.3. Typische Fehler 17
   - 3.4. Übungen zu „Die schriftliche Addition" 19
4. Die schriftliche Subtraktion 21
   - 4.1. Grundlagen der Subtraktion 21
   - 4.2. Die schriftliche Subtraktion 22
   - 4.3. Typische Fehler 32
   - 4.4. Übungen zu „Die schriftliche Subtraktion" 34
5. Die schriftliche Multiplikation 36
   - 5.1. Grundlagen der Multiplikation 36
   - 5.2. Die schriftliche Multiplikation 37
   - 5.3. Kleiner Trick 49
   - 5.4. Typische Fehler 51
   - 5.5. Übungen zu „Die schriftliche Multiplikation" 53
6. Die schriftliche Division 55
   - 6.1. Grundlagen der Division 55
   - 6.2. Die schriftliche Division 56
   - 6.3. Die endlose Division 72
   - 6.4. Typische Fehler 80
   - 6.5. Übungen zu „Die schriftliche Division" 82
7. Lösungen 84
8. Stichwortverzeichnis 94

Über die Website 95
weitere Bücher von mathetreff-online 96

1. Vorwort

Hallo! *Sersheim, im Dezember 2016*

Vielen Dank für den Kauf dieses Buches.

Mit der eigenen Buchreihe zur Website geht das mathetreff-online-Team einen Schritt weiter und kombiniert das Lernen online und offline zu einem Gesamtpaket. Angefangen als Hobby zweier Realschüler im Großraum Stuttgart wurde aus der kleinen Homepage bis heute ein wachsendes Portal – eine feste Größe innerhalb der Nische „Mathe lernen im Internet".

Die Website wurde damals im Jahr 2000 ins Leben gerufen, um den oft trockenen Lernstoff des Faches Mathematik für unsere Mitschüler und uns selbst aufzubereiten. Eben nur auf moderne Art und Weise, gemixt mit einer ordentlichen Portion Spaß. Auch wenn wir mittlerweile keine Schüler mehr sind und fest im (nicht akademischen) Berufsleben stehen, hat sich an diesem Grundgedanken nichts geändert.

Anhand der vielen Feedbacks versuchen wir ständig, die Website an die Bedürfnisse unserer Besucher anzupassen. Mehr über die Website findest du am Ende dieses Buches. Auch für dieses Buch wünschen wir uns konstruktive Rückmeldungen. Über die Positiven freuen wir uns natürlich besonders ☺!

Du erreichst uns per E-Mail ✉ (buch@mathetreff-online.de), über Facebook f (www.facebook.com/mathetreffonline), über Twitter 🐦 (@mathetreffonlin – das „e" am Ende von „mathetreffonline" wollte Twitter nicht hergeben ☺).

Wenn dir dieses Buch besonders gut gefällt, empfehle es doch deinen Freunden, Mitschülern, Eltern oder auch deinen Lehrern weiter! Falls du in den sozialen Netzwerken aktiv bist, like 👍 uns doch auf Facebook und/oder folge uns auf Twitter.

Viel Spaß mit diesem Buch wünschen dir die Gründer von mathetreff-online

Philipp „Phil" Schrenk und Christian „Chris" Hensel

2. Schriftliche Rechenverfahren

Hast du schon einmal den Kassenzettel vom Supermarkt nachgeprüft? Das ist zum Teil gar nicht so einfach, alle Beträge im Kopf zusammenzurechnen. Vor allem, wenn es der lange Kassenzettel vom letzten Wocheneinkauf war, bei dem deine Eltern gefühlte hundert Sachen gekauft haben. Kleine und wenige Zahlen kannst du ja noch im Kopf berechnen. Aber hier? Je nach Übung stößt du bei größeren und vielen Zahlen schnell an die Grenzen deiner Kopfrechenmöglichkeit. Bei dem besagten Kassenzettel wirst du dich schwer tun.

Aber keine Angst, wenn du diese Rechnung nicht im Kopf lösen konntest. Es gibt sehr einfache Verfahren, wie du diese Rechnung sogar ohne Taschenrechner erledigen kannst!

Diese Verfahren sind die schriftlichen Rechenverfahren. Wie der Name schon aussagt, wird hierbei nicht mehr komplett im Kopf gerechnet, sondern schriftlich auf dem Papier. Du brauchst jedoch trotzdem das Kopfrechnen, daher ist es von Vorteil, wenn du darin fit bist. Du musst jedoch keine komplexen Rechnungen durchführen, solltest aber schon ein paar Zahlen ohne Probleme berechnen können.

Wenn du mehrere Zahlen im Kopf rechnest, dann berechnest du immer zwei Zahlen am Stück und rechnest mit dem Zwischenergebnis weiter. Beim schriftlichen Rechnen rechnest du mit allen Zahlen gleichzeitig. Das klingt zuerst einmal sehr umfangreich, wenn du an den Kassenzettel mit allen Beträgen denkst. Und hier sollst du mit allen Zahlen gleichzeitig rechnen? Ja! Dabei machst du dir jedoch einen kleinen Trick zunutze: Du zerlegst die Zahlen in ihre Stellen und berechnest immer nur die entsprechende Stelle. Dazu musst du jedoch eine kleine Vorarbeit leisten, denn du musst alle Zahlen sauber nach Stellen geordnet aufschreiben.

2.1. Die Bausteine der Zahlen

Damit du alle Zahlen sauber nach Stellen geordnet aufschreiben kannst, solltest du zuerst einmal wissen, dass eine Zahl aus mindestens einer, jedoch meist aus mehreren Ziffern besteht. Die **Ziffern** sind also die Bausteine der Zahlen.

Die Ziffern, die du heute kennst, kamen ursprünglich aus Indien und wurden durch die Araber im 13. Jahrhundert in Westeuropa bekannt gemacht. Es gibt die zehn arabischen Ziffern 0, 1, 2, 3, 4, 5, 6, 7, 8 und 9. Aus diesen zehn Ziffern bestehen alle Zahlen. Die Ziffern werden einfach zusammengesetzt hintereinander geschrieben. So ergeben die beiden Ziffern 1 und 6 die Zahl 16. Je mehr Ziffern du hintereinander setzt, desto größer wird deine Zahl. Dabei hat jede Position der Ziffer in der Zahl ihren Wert. Deshalb wird dieses System auch Positionssystem oder Stellenwertsystem genannt.

2.2. Die Position macht den Wert

Da du bei den schriftlichen Rechenverfahren stellenweise vorgehst, werde ich dir nun noch etwas über das Stellenwertsystem erzählen. Jede Position einer Ziffer innerhalb einer Zahl hat einen bestimmten Namen. Dieser Name wird auch als **Stelle** bezeichnet. Abhängig, wie „lang" eine Zahl ist, werden unterschiedlich viele Stellen benötigt.

Die Stellen vor dem Komma

Bei der Stellenbenennung **vor** dem Komma wird hinten, also von rechts nach links, angefangen. Die letzte Stelle bzw. die letzte Ziffer der Zahl ist die erste Stelle bei der Benennung. Der **Stellenwert** einer Ziffer in einer Zahl wird nicht willkürlich festgelegt, sondern er entspricht der zur Stelle passenden Zehnerpotenz (10^x). Beginne mit der letzten Stelle bzw. Ziffer einer Zahl. Diese Stelle besitzt die Zehnerpotenz 10^0, was dem Wert 1 entspricht. Daher wird sie auch **Einer** (E) genannt. Schaue dir dazu die Zahl 2610 an. Die letzte Ziffer ist eine 0, sie hat demnach keine Einer ($0 \cdot 1 = 0$).

Die vorletzte Stelle einer Dezimalzahl besitzt die Zehnerpotenz 10^1, was dem Wert **10** entspricht. Daher wird sie auch Zehner (Z) genannt. Schaue dir dazu wieder die Zahl 2610 an. Die vorletzte Ziffer ist eine 1, sie hat demnach 1 Zehner (1 · 10 = 10).

Die Stelle vor dem Zehner besitzt die Zehnerpotenz 10^2, was dem Wert **100** (10 · 10 = 100) entspricht. Daher wird sie auch Hunderter (H) genannt. Schaue dir dazu wieder die Zahl 2610 an. Die drittletzte Ziffer ist eine 6, sie hat demnach sechs 6 Hunderter (6 · 100 = 600).

Die Stelle vor dem Hunderter besitzt die Zehnerpotenz 10^3, was dem Wert **1000** (10 · 10 · 10 = 1000) entspricht. Daher wird sie auch Tausender (T) genannt. Schaue dir dazu wieder die Zahl 2610 an. Die viertletzte Ziffer ist eine 2, sie hat demnach 2 Tausender (2 · 1000 = 2000).

Wenn du die ganzen Stellennamen in eine Tabelle einträgst und die Zahl 1.610 entsprechend zerlegst, sieht die Tabelle so aus:

Wertigkeit	10^3	10^2	10^1	10^0
Name	Tausender	Hunderter	Zehner	Einer
Abkürzung	T	H	Z	E
Dezimalzahl	1.000	100	10	1
2610	2	6	1	0

Zählst (addierst) du nun die einzelnen Werte der Stellen zusammen, so kommst du wieder auf den ursprünglichen Zahlenwert: Bei der Zahl 2610 ist das 2000 + 600 + 10 + 0 = 2610.

Die Stellen nach dem Komma

Bislang hast du nur Ganzzahlen betrachtet, das sind Zahlen mit nur Stellen vor dem Komma. Es gibt aber auch Zahlen, die haben Ziffern bzw. Stellen nach dem Komma, sogenannte Dezimalzahlen. Die Stellen nach dem Komma (das ist der kleine Strich zwischen den Ziffern) werden Dezimale genannt. Auch hier hat jede Stelle einen Namen. Bei der Benennung der Stellen nach dem Komma wird dieses Mal von vor-

ne, also von links nach rechts, angefangen. Die erste Stelle bzw. die erste Ziffer nach dem Komma ist die erste Stelle bei der Benennung.

Auch hier entspricht der Stellenwert einer Dezimalziffer in einer Dezimalzahl der zur Stelle passenden Zehnerpotenz (10^{-x}). Beginne mit der ersten Stelle bzw. Ziffer nach dem Komma. Diese Stelle besitzt die Zehnerpotenz 10^{-1}, was dem Wert 0,1 (1 : 10 = 0,1) entspricht. Daher wird sie auch Zehntel (z) genannt. Schaue dir dazu die Zahl 15,42 an. Die erste Stelle nach dem Komma ist eine 4, sie hat demnach 4 Zehntel (4 · 0,1 = 0,4).

Die zweite Stelle nach dem Komma besitzt die Zehnerpotenz 10^{-2}, was dem Wert 0,01 (1 : (10 · 10) = 1 : 100 = 0,01) entspricht. Daher wird sie auch Hundertstel (h) genannt. Schaue dir dazu wieder die Zahl 15,42 an. Die zweite Stelle nach dem Komma ist eine 2, sie hat demnach 2 Hundertstel (2 · 0,01 = 0,02).

Wenn du die ganzen Stellennamen in eine Tabelle einträgst und die Zahl 15,42 entsprechend zerlegst, sieht die Tabelle so aus:

Wertigkeit	10^1	10^0	10^{-1}	10^{-2}
Name	Zehner	Einer	Zehntel	Hundertstel
Abkürzung	Z	E	z	h
Dezimalzahl	10	1	0,1	0,01
15,42	1	5	4	2

Zählst (addierst) du nun die einzelnen Werte der Stellen zusammen, so kommst du wieder auf den ursprünglichen Zahlenwert: Bei der Zahl 15,42 ist das 10 + 5 + 0,4 + 0,02 = 15,42.

> Jede Position einer Ziffer innerhalb einer Zahl hat einen bestimmten Namen und einen bestimmten Wert. Dieser Name wird auch als Stelle bezeichnet. Dabei wird unterschieden in Stellen vor und Stellen nach dem Komma.

3. Die schriftliche Addition

3.1. Grundlagen der Addition

Das Wort Addition stammt von dem lateinischen Wort »addere« und bedeutet »hinzufügen«. Du fügst also zu einer Zahl eine oder mehrere Zahlen hinzu. Dein Endergebnis am Ende der Rechnung ist also größer als die erste Zahl. So kannst du überprüfen, ob du richtig gerechnet hast. Oft wird die Addition auch als »Plus-Rechnen« bezeichnet, da das Rechenzeichen das Pluszeichen (+) ist. Daher gehört die Addition zu den Strichrechnungen.

Die einzelnen Zahlen werden bei einer Addition Summanden genannt. Sie werden entsprechend der Anzahl durchnummeriert. Die erste Zahl ist der erste Summand, die zweite Zahl ist der zweite Summand, die dritte Zahl ist der dritte Summand und so weiter. Wenn du alle Summanden addierst oder zusammenzählst, erhältst du die Summe. So wird das Endergebnis der Addition genannt.

3.2. Die schriftliche Addition

Kleine und wenige Zahlen kannst du noch im Kopf zusammenzählen (addieren). Die Rechnung 2 + 4 + 3 = 9 ist leicht, obwohl sie auch mehreren Summanden besteht. Je nach Übung stößt du bei größeren und vielen Zahlen schnell an die Grenzen deiner Kopfrechenmöglichkeit. Bei 652 + 954 + 583 = 2189 tust du dich schon schwerer. Aber keine Angst, wenn du diese Rechnung nicht im Kopf lösen konntest. Es gibt ein sehr einfaches Verfahren, wie du diese Rechnung schriftlich und ohne Taschenrechner erledigen kannst.

Ich zeige dir nun dieses Verfahren anhand von zwei Beispielen. Beim ersten Mal addierst du ausführlich Schritt für Schritt diese drei Zahlen miteinander. Beim zweiten Beispiel addierst du mehr Zahlen, nämlich fünf Zahlen. Du wirst sehen, dass die Vorgehensweise genau so einfach ist.

Die schriftliche Addition ist eine der grundlegenden Kulturtechniken, daher erlernst du sie als erstes. Zudem ist die Beherrschung der schriftlichen Addition auch Voraussetzung für das Erlernen der schriftlichen Multiplikation und teilweise auch für die Division und Subtraktion.

> Mit dem Verfahren der schriftlichen Addition kannst du auf schnelle und einfache Weise beliebig viele Zahlen miteinander addieren.

Schriftliche Addition von Ganzzahlen

Die Vorgehensweise bei der schriftlichen Addition ist etwas anders als bei der gewöhnlichen Addition, die du bei einfachen Zahlen noch im Kopf durchführst. Diese beiden Zahlen 12 und 15 wirst du im Kopf am Stück berechnen (12 + 15 = 27). Bei der schriftlichen Addition weichst du von diesem Schema ab: du addierst die einzelnen Zahlen nicht mehr am Stück, sondern stellenweise.

Dazu schreibst du alle Zahlen (Summanden), die du addieren musst, Stelle für Stelle richtig untereinander und ziehst einen Strich darunter. Das bedeutet, du schreibst alle Einer untereinander, alle Zehner untereinander usw. Wenn du dann addierst, beginnst du bei der rechten Spalte (den Einern) und addierst alle Ziffern der Reihe nach von unten nach oben. Das Ergebnis dieser Spalte schreibst du unter den Strich unter diese Spalte. Anschließend verfährst du mit den verbleibenden Spalten genauso, bis du alle Spalten durch hast. Das Endergebnis (die Summe) ist die Zahl, die am Ende unter dem Strich steht.

Ich zeige dir nun die schriftliche Addition anhand eines Beispiels, bei dem du ausführlich Schritt für Schritt drei Zahlen miteinander addierst.

So addierst du schriftlich 3 Zahlen	So sieht es aus
Diese drei Zahlen sollen addiert werden.	652+954+583
1. Schreibe alle Zahlen (Summanden) **Stelle für Stelle** untereinander. Die Zahlen sind gleich lang, alle Stellen stehen richtig untereinander.	HZE 652 954 583
2. Schreibe vor die unterste Zahl ein **Plus** (+).	652 954 +583
3. Ziehe mit etwas Platz einen **Strich** unter die unterste Zahl.	652 954 +583
4. Du beginnst bei der rechten Spalte und addierst alle Einer der Reihe nach von unten nach oben: $3 + 4 + 2 = 9$.	652 954 } $3+4+2=9$ +583 addiere von unten nach oben
5. Schreibe diese Summe (die 9) unter den Strich unterhalb der gerade berechneten Spalte. Diese 9 stellt die Einer des Endergebnisses dar.	652 954 } $3+4+2=9$ +583 ——— 9

So addierst du schriftlich 3 Zahlen	So sieht es aus
6. Addiere als nächstes die Zehner (die Spalte davor) wieder von unten nach oben: 8 + 5 + 5 = 18.	652 954 } 8+5+5=18 +583 ――― 9 addiere von unten nach oben
7. Deine Summe lautet 18. Du kannst sie jedoch nicht am Stück unter den Strich schreiben. Daher wird sie aufgeteilt: Du schreibst nur die 8 der 18 unter den Strich unterhalb der gerade berechneten Spalte (vor die 9). Sie wird wieder Teil des Endergebnisses.	652 954 } 8+5+5=18 +583 ――― 89

8. Die 1 der 18 schreibst du als sogenannten Übertrag über den Strich in die vorhergehende Spalte der Hunderter (unter die 5).	652
	954 } 8+5+5=18
	+583
	   1
	―――
	   89

9. Addiere als nächstes die Hunderter von unten nach oben. Dieses Mal sind es 4 Ziffern, da der Übertrag aus der Addition der Zehner mit dabei ist: 1 + 5 + 9 + 6 = 21.	652
	954 } 1+5+9+6=21
	+583
	   1
	―――
	   89
	addiere von unten nach oben

10. Deine Summe lautet 21. Da keine weitere Spalte zum Addieren vorhanden ist, schreibst du diese Summe am Stück (21) unter den Strich (vor die 8).	652 954 } 1+5+9+6=21 +583 1 ――― 2189
11. **Fertig!** Du hast soeben drei Zahlen schriftlich addiert. Dein Endergebnis lautet 2189.	652+954+583 =2189

Du siehst, die schriftliche Addition ist kinderleicht. Das Geheimnis dabei ist, einfach immer nur Spalte für Spalte zu berechnen, dann kannst du Zahlen schnell zusammenzählen. Voraussetzung ist, dass du die einzelnen Zahlen (Summanden) auch richtig untereinander schreibst.

3. Die schriftliche Addition – Schriftliche Addition von Ganzzahlen

Wenn du das Schema verinnerlicht hast, kannst du beliebig viele Zahlen addieren. Ich mache es etwas spannender und zeige dir nun eine Addition mit fünf Zahlen. Die Vorgehensweise ist genau so einfach.

So addierst du schriftlich 5 Zahlen	So sieht es aus
Diese fünf Zahlen sollen addiert werden.	652+954+58+1610+2910
1. Schreibe alle Zahlen (Summanden) **Stelle für Stelle** untereinander. Dieses Mal sind die Zahlen unterschiedlich lang. Wie du siehst, stehen trotzdem alle Stellen richtig untereinander.	THZE 652 954 58 1610 2910
2. Schreibe vor die unterste Zahl ein **Plus** (+).	652 954 58 1610 +2910
3. Ziehe mit etwas Platz einen **Strich** unter die unterste Zahl.	652 954 58 1610 +2910
4. Du beginnst rechts bei den Einern und addierst alle Ziffern der Reihe nach von unten nach oben: $0 + 0 + 8 + 4 + 2 = 14$.	652 954 58 1610 +2910 $0+0+8+4+2=14$ *addiere von unten nach oben*
5. Deine Summe lautet 14. Du kannst sie jedoch nicht am Stück unter den Strich schreiben. Daher wird sie aufgeteilt: Du schreibst nur die **4** der 14 unter den Strich unterhalb der gerade berechneten Spalte. Diese 4 stellt die Einer des Endergebnisses dar.	652 954 58 1610 +2910 $0+0+8+4+2=14$ 4

So addierst du schriftlich 5 Zahlen	So sieht es aus
6. Die 1 der 14 schreibst du als Übertrag über den Strich in die vorhergehende Spalte der Zehner (unter die 1).	652 954 58 } 0+0+8+4+2=14 1610 +2910 ⎯⎯⎯⎯ 1 4
7. Addiere die Zehner wieder von unten nach oben. Dieses Mal sind es 6 Ziffern, da der Übertrag aus der Addition der Einer mit dabei ist: $1 + 1 + 1 + 5 + 5 + 5 = 18$.	652 954 58 } 1+1+1+5+5+5=18 1610 +2910 ⎯⎯⎯⎯ 1 4 addiere von unten nach oben
8. Deine Summe lautet 18. Du musst sie wieder aufteilen: Du schreibst nur die 8 der 18 unter den Strich unterhalb der gerade berechneten Spalte. Die 8 stellt die Zehner des Endergebnisses dar.	652 954 58 } 1+1+1+5+5+5=18 1610 +2910 ⎯⎯⎯⎯ 1 84
9. Die 1 der 18 schreibst du als Übertrag über den Strich in die Spalte der Hunderter (unter die 9).	652 954 58 } 1+1+1+5+5+5=18 1610 +2910 ⎯⎯⎯⎯ 1 1 84
10. Addiere als nächstes die Spalte der Hunderter wieder von unten nach oben. Hier sind es 5 Ziffern: $1 + 9 + 6 + 9 + 6 = 31$.	652 954 58 } 1+9+6+9+6=31 1610 +2910 ⎯⎯⎯⎯ 1 1 84 addiere von unten nach oben
11. Deine Summe lautet 31. Du musst sie wieder aufteilen: Du schreibst nur die 1 der 31 unter den Strich unterhalb der gerade berechneten Spalte. Die 1 stellt die Hunderter des Endergebnisses dar.	652 954 58 } 1+9+6+9+6=31 1610 +2910 ⎯⎯⎯⎯ 1 1 184

3. Die schriftliche Addition – Schriftliche Addition von Ganzzahlen

So addierst du schriftlich 5 Zahlen	So sieht es aus
12. Die **3** der 31 schreibst du als **Übertrag** über den Strich in die vorhergehende Spalte der Tausender (unter die 2).	652 954 58 } 1+9+6+9+6=31 1610 +2910 ³ 1 1 184
13. Addiere die Tausender wieder von unten nach oben. Dieses Mal sind es nur 3 Ziffern: **3 + 2 + 1 = 6**.	652 954 58 1610 +2910 } 3+2+1=6 ³ 1 1 184 *addiere von unten nach oben*
14. Schreibe das Ergebnis (die **6**) unter den Strich unterhalb der gerade berechneten Spalte (vor die 1). Sie stellt die Tausender des Endergebnisses dar.	652 954 58 1610 +2910 } 3+2+1=6 ³ 1 1 6184
15. **Fertig!** Du hast soeben fünf Zahlen schriftlich addiert. Dein Endergebnis lautet 6184.	652+954+58+1610+2910 =6184

Du siehst, die schriftliche Addition ist kinderleicht. Das Geheimnis dabei ist, einfach immer nur Spalte für Spalte zu berechnen, dann kannst du auch viele Zahlen schnell zusammenzählen. Voraussetzung ist, dass du die einzelnen Zahlen (Summanden) richtig untereinander schreibst.

Schriftliche Addition von Dezimalzahlen

Eine **Dezimalzahl** ist eine Zahl, die im Gegensatz zu einer Ganzzahl ein Komma besitzt. Nach diesem Komma stehen noch weitere Ziffern, die sogenannten **Dezimalen**. Eine Dezimalzahl ist beispielsweise 9,54. Sie enthält ein **Komma** (das ist der kleine Strich unten zwischen den Ziffern) und danach noch zwei Ziffern, nämlich die 5 und die 4. Die Vorgehensweise ist bei Dezimalzahlen nicht anders. Auch hier schreibst du zuerst alle Zahlen (Summanden) Stelle für Stelle richtig untereinander. Entscheidend sind dabei die Kommas, sie müssen immer untereinander stehen. Haben einige Zahlen weniger oder keine Dezimalstellen, werden diese mit 0 aufgefüllt (aus 58 wird so beispielsweise 58,00). Anschließend berechnest du wieder jede Spalte für sich. Wenn du am Komma angelangt bist, setzt du es auch im Endergebnis (in deiner Zahl unter dem Strich) und rechnest wie gewohnt weiter.

Ich zeige dir nun die schriftliche Addition von Dezimalzahlen anhand eines Beispiels, bei dem du ausführlich Schritt für Schritt drei Dezimalzahlen mit unterschiedlicher Dezimalstellenanzahl miteinander addierst.

So addierst du schriftlich Dezimalzahlen	So sieht es aus
Diese drei Zahlen sollen addiert werden.	65,2 + 9,54 + 58
1. Schreibe alle Zahlen (Summanden) **Stelle für Stelle** untereinander. Entscheidend ist das **Komma**. Es muss immer untereinander stehen.	ZE zh 65,2 9,54 58
2. Haben einige Zahlen weniger oder keine Dezimalstellen, werden diese mit 0 aufgefüllt (aus 65,2 wird 65,20 und aus 58 wird 58,00).	65,20 9,54 58,00
3. Schreibe vor die unterste Zahl ein **Plus** (+).	65,20 9,54 +58,00
4. Ziehe mit etwas Platz einen **Strich** unter die unterste Zahl.	65,20 9,54 +58,00

So addierst du schriftlich Dezimalzahlen	So sieht es aus
5. Du beginnst bei der rechten Spalte (dieses Mal sind es Hundertstel) und addierst alle Ziffern der Reihe nach von unten nach oben: 0 + 4 + 0 = 4.	65,20 9,54 +58,00 0+4+0=4
6. Schreibe diese Summe (die 4) unter den Strich unterhalb der gerade berechneten Spalte. Diese 4 stellt die Hundertstel des Endergebnisses dar.	65,20 9,54 +58,00 0+4+0=4 ――― 4
7. Addiere als nächstes die Spalte der Zehntel wieder von unten nach oben: 0 + 5 + 2 = 7.	65,20 9,54 +58,00 0+5+2=7 ――― 4
8. Schreibe diese Summe (die 7) unter den Strich unterhalb der gerade berechneten Spalte (vor die 4). Diese 7 stellt die Zehntel des Endergebnisses dar.	65,20 9,54 +58,00 0+5+2=7 ――― 74
9. Nun bist du am Komma angelangt. Setze auch im Endergebnis unter dem Strich das Komma.	65,20 9,54 +58,00 ――― ,74 setze im Endergebnis das Komma
10. Nach dem gleichen und bekannten Schema addierst du die noch verbleibenden nächsten Spalten wieder von unten nach oben. Denke dabei an eventuelle Überträge.	65,20 9,54 +58,00 2 ――― 132,74
11. Fertig! Du hast soeben drei Dezimalzahlen schriftlich addiert. Dein Endergebnis lautet 132,74.	65,2+9,54+58 =132,74

Du siehst, auch die schriftliche Addition von Dezimalzahlen ist kinderleicht. Das Geheimnis dabei ist, einfach immer nur Spalte für Spalte zu berechnen, dann kannst du auch Dezimalzahlen schnell zusammenzählen. Voraussetzung ist, dass du die einzelnen Zahlen (Summanden) richtig untereinander schreibst (orientiere dich immer am Komma).

3.3. Typische Fehler

Die schriftliche Addition ist das einfachste schriftliche Rechenverfahren, das du mit Sicherheit schnell und richtig anwenden kannst. Trotzdem können zu Beginn typische Fehler auftauchen. Ein Fehler ist ärgerlich. Er bedeutet aber nicht, dass du es nicht verstanden hast. Viele Fehler sind einfach nur Leichtsinnsfehler, die entstehen, wenn du unsauber vorgehst. Versuche trotzdem nachzuvollziehen, was du falsch gemacht hast, damit du diesen Fehler bei späteren Aufgaben nicht mehr machst. So vermeidest du, dass der Fehler ignoriert wird und er sich dadurch festigt.

Ich zeige dir nachfolgend einige typische Fehler der schriftlichen Addition und wie du sie erkennen kannst. In der Spalte »falsch« steht die fehlerhafte Aufgabe, in der Spalte »richtig« die selbe Aufgabe, wie sie eigentlich gelöst werden müsste.

Das ist passiert	So merkst du es	falsch	richtig

Die Addition der Spalte wurde falsch berechnet (12 statt 11).
 → langsam und sauber rechnen!
	Dieser Fehler ist nicht erkennbar.	4+7=12 270
		 + 42
		   1
		 322
			270
			 + 42
			   1
			 312

Die Addition wurde von links nach rechts durchgeführt. Die Überträge wurden dabei in die falsche Spalte geschrieben.
 → immer von rechts nach links rechnen!
	Dein Endergebnis ist nicht die größte Zahl in der Rechnung.	→
		 270
		 + 42
		   1
		 213
			←
			 270
			 + 42
			   1
			 312

Die Summanden wurden nicht stellenweise untereinander geschrieben. → alle Zahlen immer rechtsbündig schreiben!	Deine Summanden stehen nicht sauber rechtsbündig. Es entsteht ein „Loch".	270 +42 690	270 + 42 1 312
Die Summanden wurden nicht stellenweise untereinander geschrieben, das „Loch" wurde mit einer Null gefüllt. → alle Zahlen immer rechtsbündig schreiben!	Es dürfen keine Löcher entstehen, die du mit Nullen füllen kannst (außer bei Dezimalzahlen).	270 +420 690	270 + 42 1 312

Das ist passiert	So merkst du es	falsch	richtig
Der Übertrag wurde an der falschen Stelle notiert und wurde daher nicht beachtet. → den Übertrag immer in die Spalte davor schreiben!	Dein Endergebnis ist nicht die größte Zahl in der Rechnung.	270 + 42 <u>1</u> 212	270 + 42 <u>1</u> 312
Der Übertrag wurde zwar geschrieben, aber bei der späteren Addition vergessen. → immer alle Ziffern einer Spalte berechnen!	Dieser Fehler ist nicht erkennbar.	1613 2360 +4135 <u>1 1</u> 8008	1613 2360 +4135 <u>1 1</u> 8108
Es wurde zwar ein Übertrag am Schluss notiert, aber dann nicht mehr beachtet. → das Ergebnis der letzten Spalte direkt hinschreiben!	Dein Endergebnis ist nicht die größte Zahl in der Rechnung.	54 +62 <u>1</u> 16	54 +62 <u>1</u> 116
Es wurde keine Ziffer im Ergebnis geschrieben, weil eine Stelle in der Spalte leer war. → die Spalte trotzdem berechnen, auch wenn dort nur eine Ziffer steht!	Dein Endergebnis ist nicht die größte Zahl in der Rechnung.	230 + 52 82	230 + 52 282

Die schriftliche Addition ist das einfachste schriftliche Rechenverfahren, das du schnell und richtig anwenden kannst. Versuche bei einem Fehler trotzdem nachzuvollziehen, was du falsch gemacht hast, damit du den gleichen Fehler bei späteren Aufgaben vermeidest.

3.4. Übungen zu „Die schriftliche Addition"

→ die Lösungen stehen ab Seite 84

Nachdem du nun die Grundlagen der schriftlichen Addition gelernt hast, ist es an der Zeit, dein neues Wissen anzuwenden. Hier findest du viele Übungsaufgaben, bei denen du ausgiebig üben kannst.

1. **Addiere diese drei Zahlen schriftlich. Schreibe sie zuerst sauber untereinander.**

   a) 107 + 48 + 60
   b) 26 + 23 + 32
   c) 104 + 107 + 47
   d) 103 + 21 + 100
   e) 2788 + 4987 + 10784
   f) 2392 + 7755 + 9577
   g) 5017 + 5217 + 12610
   h) 5418 + 11067 + 9596
   i) 391461 + 754150 + 718974
   j) 436277 + 652603 + 462023
   k) 702006 + 971389 + 885225
   l) 799345 + 979684 + 906287

2. **Addiere diese vier Zahlen schriftlich. Schreibe sie zuerst sauber untereinander.**

   a) 72 + 47 + 83 + 127
   b) 15 + 81 + 46 + 122
   c) 108 + 87 + 126 + 78
   d) 108 + 70 + 76 + 123
   e) 6824 + 4133 + 3024 + 12991
   f) 6744 + 11784 + 7082 + 4254
   g) 5628 + 2039 + 5792 + 5599
   h) 1839 + 10481 + 10242 + 6592
   i) 800070 + 457304 + 826781 + 525220
   j) 439863 + 618820 + 303669 + 498715
   k) 614120 + 1080575 + 405880 + 810572
   l) 761292 + 324838 + 544381 + 748374

3. Addiere diese sechs Zahlen schriftlich. Schreibe sie zuerst sauber untereinander.

   a) 103 + 48 + 92 + 112 + 56 + 129
   b) 26 + 119 + 54 + 120 + 94 + 83
   c) 92 + 49 + 72 + 124 + 108 + 124
   d) 64 + 74 + 44 + 64 + 75 + 143
   e) 1379 + 2447 + 5807 + 11483 + 13134 + 14392
   f) 10917 + 10386 + 10104 + 10271 + 8181 + 15221
   g) 6807 + 10283 + 9756 + 12760 + 11573 + 10866
   h) 6223 + 7511 + 8731 + 4482 + 14467 + 14437
   i) 664152 + 249703 + 1210424 + 1189561 + 1187116 + 1364064
   j) 778505 + 444392 + 882771 + 803747 + 1051857 + 1461026
   k) 946240 + 402766 + 322939 + 1172944 + 1444906 + 801415
   l) 821824 + 510541 + 794391 + 1069581 + 1488068 + 1559463

4. Addiere diese drei Dezimalzahlen schriftlich. Schreibe sie zuerst sauber untereinander. Ergänze eventuell fehlende Dezimalstellen.

   a) 8,07 + 53,17 + 67,11
   b) 76,79 + 76,23 + 84,31
   c) 48,28 + 54,89 + 31,62
   d) 43,7 + 84,21 + 84,25
   e) 35,726 + 39,222 + 94,434
   f) 26,178 + 65,75 + 84,978
   g) 80,75 + 3,719 + 87,387
   h) 13,626 + 1,617 + 97,732
   i) 23,0216 + 29,5 + 638,73
   j) 92,9348 + 192,2 + 830,92
   k) 56,8123 + 874,7 + 968,03
   l) 68,5975 + 95 + 931,22

4. Die schriftliche Subtraktion

4.1. Grundlagen der Subtraktion

Das Wort Subtraktion stammt aus dem lateinischen und bedeutet »abziehen«. Du ziehst also von einer meist größeren Zahl eine oder mehrere kleinere Zahlen ab. Dein Endergebnis am Ende der Rechnung ist also kleiner als die erste Zahl. So kannst du überprüfen, ob du richtig gerechnet hast. Oft wird die Subtraktion auch als »Minus-Rechnen« bezeichnet, da das Rechenzeichen das Minuszeichen (−) ist. Daher gehört die Subtraktion zu den Strichrechnungen.

Die erste Zahl bei einer Subtraktion wird Minuend genannt. Von dieser Zahl subtrahierst du bzw. ziehst du den Subtrahend, so wird die zweite Zahl genannt, ab. Wenn du mehr als eine Zahl subtrahieren musst, dann werden die Subtrahenden entsprechend der Anzahl durchnummeriert: die zweite Zahl wird dann als erster Subtrahend bezeichnet, die dritte Zahl wird dann als zweiter Subtrahend bezeichnet, und so weiter. Wenn du alle Zahlen subtrahierst, erhältst du die Differenz. So wird das Endergebnis der Subtaktion genannt.

4.2. Die schriftliche Subtraktion

Kleine und wenige Zahlen kannst du noch im Kopf von einander abziehen (subtrahieren). Die Rechnung 9 − 4 − 3 ist leicht, das ergibt 2. Je nach Übung stößt du bei größeren und vielen Zahlen schnell an die Grenzen deiner Kopfrechenmöglichkeit. Bei 2389 − 652 − 954 = 783 tust du dich schon schwerer. Aber keine Angst, wenn du diese Rechnung nicht im Kopf lösen konntest. Es gibt ein sehr einfaches Verfahren, wie du diese Rechnung schriftlich und ohne Taschenrechner erledigen kannst.

Ich zeige dir nun dieses Verfahren anhand von zwei Beispielen. Beim ersten Mal subtrahierst du ausführlich Schritt für Schritt diese drei Zahlen voneinander. Beim zweiten Beispiel subtrahierst du sogar fünf Zahlen. Du wirst sehen, dass die Vorgehensweise genau so einfach ist.

> Mit dem Verfahren der schriftlichen Subtraktion kannst du auf schnelle und einfache Weise beliebig viele Zahlen voneinander subtrahieren. Voraussetzung ist, dass du die schriftliche Addition beherrschst.

Schriftliche Subtraktion von Ganzzahlen

Die Vorgehensweise bei der schriftlichen Subtraktion ist etwas anders als bei der gewöhnlichen Subtraktion, die du bei einfachen Zahlen noch im Kopf durchführst. Diese beiden Zahlen 24 und 13 wirst du im Kopf am Stück berechnen (24 − 13 = 11). Bei der schriftlichen Subtraktion weichst du von diesem Schema ab: du subtrahierst die einzelnen Zahlen nicht mehr am Stück, sondern stellenweise.

Dazu schreibst du alle Zahlen, die du subtrahieren musst, Stelle für Stelle richtig untereinander und ziehst einen Strich darunter. Das bedeutet, du schreibst alle Einer untereinander, alle Zehner untereinander usw. Auch wenn du eigentlich subtrahierst, wird jetzt erst einmal **addiert**: Du beginnst bei den Einern und addierst alle Ziffern der Reihe nach von unten nach oben bis auf die oberste Ziffer (die ist vorerst unwichtig). Die Summe ziehst du dann von der obersten Ziffer ab. Diese Differenz schreibst du unter den Strich unter diese Spalte. Anschließend verfährst du mit den verbleibenden Spalten genauso, bis du alle Spalten berechnet hast. Das Endergebnis (die Differenz) ist die Zahl, die am Ende unter dem Strich steht.

Ich zeige dir nun die schriftliche Subtraktion anhand eines Beispiels, bei dem du ausführlich Schritt für Schritt drei Zahlen voneinander subtrahierst.

So subtrahierst du schriftlich 3 Zahlen	So sieht es aus
Diese drei Zahlen sollen subtrahiert werden.	2389-652-954
1. Schreibe alle Zahlen Stelle für Stelle untereinander. Die Zahlen sind unterschiedlich lang, stehen aber trotzdem sauber untereinander.	THZE 2389 652 954
2. Schreibe vor die unterste Zahl ein Minus (–).	2389 652 – 954
3. Ziehe mit etwas Platz einen Strich unter die unterste Zahl.	2389 652 – 954
4. Du beginnst bei den Einern und addierst zuerst alle Ziffern der Reihe nach von unten nach oben, jedoch ohne die oberste Ziffer: 4 + 2 = 6.	2389 652 – 954 } 4+2=6
5. Subtrahiere nun diese Summe von der obersten Ziffer: 9 – 6 = 3. Schreibe diese Differenz (die 3) unter den Strich unterhalb der Einer.	2389 652 – 954 } 4+2=6 ——— 3
6. Addiere die Spalte davor (die Zehner) wieder von unten nach oben, jedoch ohne die oberste Ziffer: 5 + 5 = 10.	2389 652 – 954 } 5+5=10 ——— 3
7. Subtrahiere nun dieses Ergebnis von der obersten Ziffer: 8 – 10 = –2. Deine Differenz ergibt einen negativen Wert. Du kannst also die 10 nicht von der 8 subtrahieren.	2389 652 – 954 } 5+5=10 ——— 3 = –2

4. Die schriftliche Subtraktion – Schriftliche Subtraktion von Ganzzahlen

So subtrahierst du schriftlich 3 Zahlen	So sieht es aus
8. **Schummle** etwas und addiere zu der 8 so viele Zehner hinzu, bis sie größer (>) als die Summe ist: 8 + 10 = 18.	18 23~~8~~9 652 - 954 —— 3 $5+5=10$
9. Nun kannst du wieder richtig rechnen, denn 18 – 10 = 8. Schreibe diese Differenz (die 8) unter den Strich unterhalb der gerade berechneten Spalte (vor die 3). Sie wird später die Zehner.	18 23~~8~~9 652 - 954 —— 83 $5+5=10$
10. Nun stimmt deine Rechnung nicht mehr, denn du hast im 8. Schritt einfach so 10 hinzugefügt. Diese musst du wieder abziehen, indem du die **1** als **Übertrag** in die nächste Spalte (unter die 9) schreibst.	18 23~~8~~9 652 - 954 1 —— 83
11. **Addiere** die Hunderter wieder von unten nach oben, jedoch ohne die oberste Ziffer. Dieses Mal sind es 3 Ziffern, da der Übertrag aus der vorherigen Reihe mit dabei ist: 1 + 9 + 6 = 16.	2389 652 - 954 1 —— 83 $1+9+6=16$
12. **Subtrahiere** nun dieses Ergebnis von der obersten Ziffer: 3 – 16 = –13. Deine Differenz ergibt einen negativen Wert. Du kannst also die 16 nicht von der 3 subtrahieren.	23~~8~~9 652 - 954 1 —— 83 $1+9+6=16$ $= -13$
13. **Schummle** etwas und addiere zu der 3 so viele Zehner hinzu, bis sie größer als die Summe ist: 3 + 10 = 13 und 13 + 10 = 23. Nun kannst du **subtrahieren**: 23 – 16 = 7. Schreibe diese Differenz (die **7**) unter den Strich unterhalb der gerade berechneten Spalte (vor die 8).	23 2~~3~~89 652 - 954 1 —— 783 $1+9+6=16$
14. Nun stimmt deine Rechnung nicht mehr, denn du hast im 13. Schritt einfach so 20 hinzugefügt. Diese musst du wieder abziehen, indem du die **2** als **Übertrag** in die nächste Spalte schreibst.	23 2~~3~~89 652 - 954 2 1 —— 783

So subtrahierst du schriftlich 3 Zahlen	So sieht es aus
15. Die letzte Spalte besteht nur aus zwei Ziffern. Daher kannst du diese direkt subtrahieren: 2 − 2 = 0. Ist die Differenz so wie hier 0, kannst du die 0 unter den Strich unterhalb der gerade berechneten Spalte (vor die 7) schreiben oder auch weglassen.	2389 652 − 954 2 1 0783
16. Fertig! Du hast soeben drei Zahlen schriftlich subtrahiert. Dein Endergebnis lautet 783.	2389−652−954 =783

Du siehst, die schriftliche Subtraktion ist sehr einfach. Das Geheimnis dabei ist, einfach immer nur Spalte für Spalte zu berechnen, dann kannst du schnell Zahlen voneinander abziehen. Voraussetzung ist, dass du die einzelnen Zahlen richtig untereinander schreibst.

Wenn du das Schema verinnerlicht hast, kannst du beliebig viele Zahlen subtrahieren. Ich mache es etwas spannender und zeige dir nun die Subtraktion mit fünf Zahlen. Die Vorgehensweise ist genau so einfach.

So subtrahierst du schriftlich 5 Zahlen	So sieht es aus
Diese fünf Zahlen sollen subtrahiert werden.	7500−652−954−583−1610
1. Schreibe alle Zahlen Stelle für Stelle untereinander. Dieses Mal sind die Zahlen unterschiedlich lang. Wie du siehst, stehen trotzdem alle Stellen richtig untereinander.	THZE 7500 652 954 583 1610
2. Schreibe vor die unterste Zahl ein Minus (−).	7500 652 954 583 −1610

4. Die schriftliche Subtraktion − Schriftliche Subtraktion von Ganzzahlen

So subtrahierst du schriftlich 5 Zahlen	So sieht es aus
3. Ziehe mit etwas Platz einen Strich unter die unterste Zahl.	7500 652 954 583 -1610
4. Du beginnst rechts bei den Einer und addierst zuerst alle Ziffern der Reihe nach von unten nach oben, jedoch ohne die oberste Ziffer: $0 + 3 + 4 + 2 = 9$.	7500 652 954 583 -1610 $0+3+4+2=9$ addiere von unten nach oben
5. Subtrahiere nun diese Summe von der obersten Ziffer: $0 - 9 = -9$. Deine Differenz ergibt einen negativen Wert. Du kannst also die 9 nicht von der 0 subtrahieren.	7500 652 954 583 -1610 $0+3+4+2=9$ $=-9$
6. Schummle etwas und addiere zu der 9 so viele Zehner hinzu, bis sie größer als die Summe ist: $0 + 10 = 10$. Nun kannst du subtrahieren: $10 - 9 = 1$. Schreibe diese Differenz (die 1) unter den Strich unterhalb der gerade berechneten Spalte.	10 750̶0̶ 652 954 583 -1610 $0+3+4+2=9$ 1
7. Nun stimmt deine Rechnung nicht mehr, denn du hast im 6. Schritt einfach so 10 hinzugefügt. Diese musst du wieder abziehen, indem du die 1 als Übertrag in die nächste Spalte (unter die 1) schreibst.	10 750̶0̶ 652 954 583 -1610 1 1
8. Addiere die Zehner wieder von unten nach oben, jedoch ohne die oberste Ziffer. Dieses Mal sind es 5 Ziffern, da der Übertrag aus der vorherigen Spalte mit dabei ist: $1 + 1 + 8 + 5 + 5 = 20$.	7500 652 954 583 -1610 1 1 $1+1+8+5+5=20$ addiere von unten nach oben

So subtrahierst du schriftlich 5 Zahlen	So sieht es aus
9. **Subtrahiere** nun diese Summe von der obersten Ziffer: 0 − 20 = −20. Deine Differenz ergibt einen negativen Wert. Du kannst also die 20 nicht von der 0 subtrahieren.	7500 652 954 583 -1610 1 1 1+1+8+5+5=20 −20
10. **Schummle** etwas und addiere zu der 0 so viele Zehner hinzu, bis sie größer als die Summe ist: 0 + 10 = 10 und 10 + 10 = 20. Nun kannst du **subtrahieren**: 20 − 20 = 0. Schreibe diese Differenz (die 0) unter den Strich unterhalb der gerade berechneten Spalte (vor die 1).	20 75⊖0 652 954 583 -1610 1 01 1+1+8+5+5=20
11. Nun stimmt deine Rechnung nicht mehr, denn du hast im 10. Schritt einfach so 20 hinzugefügt. Diese musst du wieder abziehen, indem du die 2 als **Übertrag** in die nächste Spalte (unter die 6) schreibst.	20 75⊖0 652 954 583 -1610 $2\,1$ 01
12. **Addiere** die Hunderter wieder von unten nach oben, jedoch ohne die oberste Ziffer. Auch dieses Mal sind es 5 Ziffern, da der Übertrag aus der vorherigen Spalte mit dabei ist: 2 + 6 + 5 + 9 + 6 = 28.	7500 652 954 583 -1610 $2\,1$ 01 2+6+5+9+6=28 addiere von unten nach oben
13. **Subtrahiere** nun diese Summe von der obersten Ziffer: 5 − 28 = −23. Deine Differenz ergibt einen negativen Wert. Du kannst also die 28 nicht von der 5 subtrahieren.	7500 652 954 583 -1610 $2\,1$ 01 2+6+5+9+6=28 −23
14. **Schummle** etwas und addiere zu der 5 so viele Zehner hinzu, bis sie größer als die Summe ist: 5 + 10 = 15, 15 + 10 = 25 und 25 + 10 = 35. Nun kannst du **subtrahieren**: 35 − 28 = 7. Schreibe diese Differenz (die 7) unter den Strich unterhalb der gerade berechneten Spalte.	35 7⊖00 652 954 583 -1610 $2\,1$ 701 2+6+5+9+6=28

4. Die schriftliche Subtraktion – Schriftliche Subtraktion von Ganzzahlen

So subtrahierst du schriftlich 5 Zahlen	So sieht es aus
15. Nun stimmt deine Rechnung nicht mehr, denn du hast im 14. Schritt einfach so 30 hinzugefügt. Diese musst du wieder abziehen, indem du die 3 als Übertrag in die nächste Spalte (unter die 1) schreibst.	3 5 7~~5~~00 652 954 583 -1610 3 2 1 701
16. Addiere die Spalte der Tausender wieder von unten nach oben, jedoch ohne die oberste Ziffer. Dieses Mal sind es nur 2 Ziffern: 3 + 1 = 4.	7500 652 954 583 -1610 3 2 1 } 3+1=4 701
17. Subtrahiere nun diese Summe von der obersten Ziffer: 7 − 4 = 3 . Schreibe diese Differenz (die 3) unter den Strich unterhalb der gerade berechneten Spalte (vor die 4).	7500 652 954 583 -1610 3 2 1 } 3+1=4 3701
18. Fertig! Du hast soeben fünf Zahlen schriftlich subtrahiert. Dein Endergebnis lautet 3701.	7500−652−954−583−1610 =3701

Du siehst, die schriftliche Subtraktion ist sehr leicht. Das Geheimnis dabei ist, einfach immer nur Spalte für Spalte zu berechnen, dann kannst du auch viele Zahlen von einander abziehen. Voraussetzung ist, dass du die einzelnen Zahlen richtig untereinander schreibst.

Schriftliche Subtaktion von Dezimalzahlen

Eine Dezimalzahl ist eine Zahl, die im Gegensatz zu einer Ganzzahl ein Komma besitzt. Nach diesem Komma stehen noch weitere Ziffern, die sogenannten Dezimalen. Eine Dezimalzahl ist beispielsweise 9,54. Sie enthält ein Komma (das ist der kleine Strich unten zwischen den Ziffern) und danach noch weitere Ziffern, nämlich die 5 und die 4. Die Vorgehensweise ist bei Dezimalzahlen nicht anders. Auch hier schreibst du zuerst alle Zahlen Stelle für Stelle richtig untereinander. Entscheidend dabei sind die Kommas, sie müssen immer untereinander stehen. Haben einige Zahlen weniger oder keine Dezimalstellen, so werden diese mit 0 aufgefüllt (aus 65 wird so beispielsweise 65,00). Anschließend berechnest du wieder jede Spalte für sich. Wenn du am Komma angelangt bist, setzt du es auch im Endergebnis (in deiner Zahl unter dem Strich) und rechnest wie gewohnt weiter.

Ich zeige dir nun die schriftliche Subtraktion von Dezimalzahlen anhand eines Beispiels, bei dem du ausführlich Schritt für Schritt drei Dezimalzahlen mit unterschiedlicher Dezimalstellenanzahl voneinander subtrahierst.

So subtrahierst du schriftlich Dezimalzahlen	So sieht es aus
Diese drei Dezimalzahlen sollen subtrahiert werden.	218,9 - 65 - 9,54
1. Schreibe alle Zahlen Stelle für Stelle untereinander. Entscheidend ist das Komma. Es muss immer untereinander stehen.	HZE zh 218,9 65 9,54
2. Haben einige Zahlen weniger oder keine Dezimalstellen, werden diese mit 0 aufgefüllt (aus 218,9 wird 218,90 und aus 65 wird 65,00).	218,90 65,00 9,54
3. Schreibe vor die unterste Zahl ein Minus (-).	218,90 65,00 - 9,54
4. Ziehe mit etwas Platz einen Strich unter die unterste Zahl.	218,90 65,00 - 9,54

So subtrahierst du schriftlich Dezimalzahlen	So sieht es aus
5. Du beginnst bei der letzten Spalte (Hundertstel) und **addierst** zuerst alle Ziffern der Reihe nach von unten nach oben, jedoch ohne die oberste Ziffer: 4 + 0 = 4.	$\begin{array}{r}218{,}90\\65{,}00\\-\ \ 9{,}54\\\hline\end{array}$ 4+0=4
6. **Subtrahiere** nun diese Summe von der obersten Ziffer: 0 − 4 = −4. Deine Differenz ergibt einen negativen Wert. Du kannst also die 4 nicht von der 0 subtrahieren.	$\begin{array}{r}218{,}90\\65{,}00\\-\ \ 9{,}54\\\hline\end{array}$ 4+0=4 = −4
7. Schummle etwas und addiere zu der 0 so viele Zehner hinzu, bis sie größer als die Summe ist: 0 + 10 = 10. Nun kannst du **subtrahieren**: 10 − 4 = 6. Schreibe diese Differenz (die **6**) unter den Strich unterhalb der gerade berechneten Spalte.	$\begin{array}{r}10\\218{,}9\cancel{0}\\65{,}00\\-\ \ 9{,}54\\\hline 6\end{array}$ 4+0=4
8. Nun stimmt deine Rechnung nicht mehr, denn du hast im 7. Schritt einfach so 10 hinzugefügt. Diese musst du wieder abziehen, indem du die **1** als **Übertrag** in die nächste Spalte (unter die 5) schreibst.	$\begin{array}{r}10\\218{,}9\cancel{0}\\65{,}00\\-\ \ 9{,}54\\\hline \ \ \ 1\\6\end{array}$
9. **Addiere** die Zehntel wieder von unten nach oben, jedoch ohne die oberste Ziffer. Dieses Mal sind es 3 Ziffern, da der Übertrag aus der vorherigen Spalte mit dabei ist: 1 + 5 + 0 = 6.	$\begin{array}{r}218{,}90\\65{,}00\\-\ \ 9{,}54\\\ \ \ 1\\\hline 6\end{array}$ 1+5+0=6
10. **Subtrahiere** nun diese Summe von der obersten Ziffer: 9 − 6 = 3. Schreibe diese Differenz (die **3**) unter den Strich unterhalb der gerade berechneten Spalte (vor die 6).	$\begin{array}{r}218{,}90\\65{,}00\\-\ \ 9{,}54\\\ \ \ 1\\\hline 36\end{array}$ 1+5+0=6
11. Nun bist du am **Komma** angelangt. Setze auch im Endergebnis unter dem Strich das **Komma**.	$\begin{array}{r}218{,}90\\65{,}00\\-\ \ 9{,}54\\\ \ \ 1\\\hline {,}36\end{array}$ setze im Endergebnis das Komma

So subtrahierst du schriftlich Dezimalzahlen	So sieht es aus
12. **Addiere** als nächste Spalte die Einer wieder von unten nach oben, jedoch ohne die oberste Ziffer: $9 + 5 = 14$.	218,90 65,00 − 9,54 } 9+5=14 ——— 1 ,36
13. **Subtrahiere** nun diese Summe von der obersten Ziffer: $8 − 14 = −6$. Dein Ergebnis ergibt einen negativen Wert. Du kannst also die 14 nicht von der 8 subtrahieren.	218,90 65,00 − 9,54 } 9+5=14 ——— 1 ,36 = −6
14. **Schummle** etwas und addiere zu der 8 so viele Zehner hinzu, bis sie größer als die Summe ist: $8 + 10 = 18$. Nun kannst du **subtrahieren**: $18 − 14 = 4$. Schreibe diese Differenz (die 4) unter den Strich unterhalb der gerade berechneten Spalte (vor das Komma).	18 21̶8̶,90 65,00 − 9,54 } 9+5=14 ——— 1 4,36
15. Nun stimmt deine Rechnung nicht mehr, denn du hast im 14. Schritt einfach so 10 hinzugefügt. Diese musst du wieder abziehen, indem du die **1** als **Übertrag** in die nächste Spalte schreibst.	18 21̶8̶,90 65,00 − 9,54 ——— 1 1 4,36
16. **Berechne** die nächsten Spalten wieder nach dem gleichen Schema. Denke dabei an eventuelle Überträge.	218,90 65,00 − 9,54 ——— 1 1 1 144,36
17. **Fertig!** Du hast soeben drei Dezimalzahlen schriftlich subtrahiert. Dein Endergebnis lautet 144,36.	218,90−65,00−9,54 =144,36

Du siehst, auch die schriftliche Subtraktion von Dezimalzahlen ist sehr leicht. Das Geheimnis dabei ist, einfach immer nur Spalte für Spalte zu berechnen, dann kannst du auch Dezimalzahlen schnell voneinander abziehen. Voraussetzung ist, dass du die einzelnen Zahlen richtig untereinander schreibst (orientiere dich immer am Komma).

4.3. Typische Fehler

Die schriftliche Subtraktion ist ein einfaches schriftliches Rechenverfahren, das du mit etwas Übung schnell und richtig anwenden kannst. Trotzdem können zu Beginn typische Fehler auftauchen. Ein Fehler ist ärgerlich. Er bedeutet aber nicht, dass du es nicht verstanden hast. Viele Fehler sind einfach nur Leichtsinnsfehler, die entstehen, wenn du unsauber vorgehst. Versuche trotzdem nachzuvollziehen, was du falsch gemacht hast, damit du diesen Fehler bei späteren Aufgaben nicht mehr machst. So vermeidest du, dass der Fehler ignoriert wird und er sich dadurch festigt.

Ich zeige dir nachfolgend einige typische Fehler der schriftlichen Subtraktion und wie du sie erkennen kannst. In der Spalte »falsch« steht die fehlerhafte Aufgabe, in der Spalte »richtig« die selbe Aufgabe, wie sie eigentlich gelöst werden müsste.

Das ist passiert	So merkst du es	falsch	richtig
Die Addition der Zehner wurde falsch berechnet (13 statt 12). → langsam und sauber rechnen!	Dieser Fehler ist nicht erkennbar.	358 74 - 52 1 222 (7+5=13, 15-13=2)	358 74 - 52 1 232
Die oberste Zahl wurde um 10 zu klein gewählt (17 statt 27). → langsam und sauber rechnen!	Dieser Fehler ist nicht erkennbar.	270 72 85 - 64 1 1 191	270 72 85 - 64 2 1 91
Die Subtraktion wurde von links nach rechts durchgeführt. → immer von rechts nach links rechnen!	Dein Endergebnis ist die größte Zahl in der Rechnung.	→ 312 - 42 1 1 3791	← 312 - 42 1 270
Es wurde nicht stellenweise untereinander geschrieben. → alle Zahlen immer rechtsbündig schreiben!	Deine Zahlen stehen nicht sauber rechtsbündig. Es entsteht ein „Loch".	312 -42 1 1 1892	312 - 42 1 270
Wie vorhin, nur das „Loch" wurde mit einer Null gefüllt. → alle Zahlen immer rechtsbündig schreiben!	Es dürfen keine Löcher entstehen, die du mit Nullen füllen kannst.	312 -420 1 1 1892	312 - 42 1 270

Das ist passiert	So merkst du es	falsch	richtig
Es wurden alle Ziffern in einer Spalte addiert und anschließend von der obersten abgezogen → immer alle Zahlen bis auf die oberste addieren!	Dein Endergebnis ist die größte Zahl in der Rechnung.	2+2=4 12-4=8 312 - 42 1 1 1 1958	312 - 42 1 270
Der Übertrag wurde an der falschen Stelle geschrieben und wurde daher nicht beachtet. → den Übertrag immer in die Spalte davor schreiben!	Dein Endergebnis ist die größte Zahl in der Rechnung.	312 - 42 1 370	312 - 42 1 270
Der Übertrag wurde vergessen zu schreiben und wurde daher nicht beachtet. → den Übertrag immer in die Spalte davor schreiben!	Dein Endergebnis ist die größte Zahl in der Rechnung.	312 - 42 370	312 - 42 1 270
Es wurde keine Ziffer im Ergebnis geschrieben, weil eine Stelle in der Spalte leer war. → die Spalte trotzdem berechnen, auch wenn dort nur eine Ziffer steht!	Dein Endergebnis ist in der Regel sehr klein.	354 - 38 1 16	354 - 38 1 316

Die schriftliche Subtraktion ist ein einfaches schriftliches Rechenverfahren, das du schnell und richtig anwenden kannst. Versuche bei einem Fehler trotzdem nachzuvollziehen, was du falsch gemacht hast, damit du den gleichen Fehler bei späteren Aufgaben vermeidest.

4.4. Übungen zu „Die schriftliche Subtraktion"

→ die Lösungen stehen ab Seite 86

Nachdem du nun die Grundlagen der schriftlichen Subtraktion gelernt hast, ist es an der Zeit, dein neues Wissen anzuwenden. Hier findest du viele Übungsaufgaben, bei denen du ausgiebig üben kannst.

5. Subtrahiere diese drei Zahlen schriftlich. Schreibe sie zuerst sauber untereinander.

a) 156 – 14 – 59
b) 146 – 50 – 40
c) 218 – 83 – 89
d) 214 – 52 – 67
e) 2314 – 685 – 873
f) 2364 – 899 – 479
g) 23469 – 6775 – 8812
h) 20195 – 8280 – 3410
i) 251212 – 81518 – 114331
j) 187616 – 54384 – 63181
k) 2445990 – 1054769 – 899749
l) 2414588 – 817827 – 1143931

6. Subtrahiere diese vier Zahlen schriftlich. Schreibe sie zuerst sauber untereinander.

a) 325 – 96 – 120 – 67
b) 386 – 79 – 97 – 93
c) 371 – 48 – 114 – 118
d) 244 – 53 – 85 – 54
f) 2799 – 789 – 469 – 1.031
e) 3424 – 861 – 870 – 1150
g) 30334 – 4284 – 8237 – 8402
h) 30142 – 9521 – 2664 – 12443

i) 282090 – 90671 – 87499 – 55487
j) 267196 – 14006 – 48390 – 85401
k) 3307942 – 319995 – 1027642 – 1344310
l) 3161879 – 1030951 – 588818 – 508948

7. **Subtrahiere diese sechs Zahlen schriftlich. Schreibe sie zuerst sauber untereinander.**
   a) 439 − 84 − 52 − 73 − 141 − 70
   b) 495 − 79 − 59 − 45 − 112 − 145
   c) 449 − 67 − 50 − 44 − 68 − 159
   d) 394 − 72 − 118 − 52 − 75 − 64
   e) 5896 − 743 − 733 − 1168 − 1307 − 1336
   f) 5347 − 728 − 511 − 877 − 1163 − 1263
   g) 51777 − 4344 − 11621 − 5363 − 9645 − 14725
   h) 57577 − 13681 − 5637 − 10000 − 14934 − 11705
   i) 385733 − 56655 − 33635 − 78061 − 62720 − 127155
   j) 466635 − 55347 − 52083 − 44864 − 83750 − 147757
   k) 5570087 − 725304 − 1145706 − 1136200 − 1024297 − 819211
   l) 6139139 − 1392268 − 700730 − 557355 − 1427481 − 1239785

8. **Subtrahiere diese drei Dezimalzahlen schriftlich. Schreibe sie zuerst sauber untereinander. Ergänze eventuell fehlende Dezimalstellen.**
   a) 856,64 − 530,4 − 277,24
   b) 1253,66 − 737,5 − 485,16
   c) 388,2 − 94,6 − 237,6
   d) 1011,27 − 569,5 − 367,77
   e) 577,435 − 110,7 − 457,69
   f) 908,327 − 652,6 − 241,06
   g) 197,857 − 66,5 − 116,42
   h) 1582,134 − 815,5 − 720,43
   i) 797,32925 − 295 − 455,78
   j) 982,04453 − 175,3 − 786,12
   k) 30,185 − 978,2 − 718,99
   l) 951,59347 − 128,6 − 787,57

5. Die schriftliche Multiplikation

5.1. Grundlagen der Multiplikation

Das Wort Multiplikation stammt von dem lateinischen Wort »multiplicare« und bedeutet »vervielfachen«. Du vervielfachst also eine Zahl um eine andere. Dein Endergebnis am Ende der Rechnung ist also größer als die erste Zahl. So kannst du überprüfen, ob du richtig gerechnet hast. Oft wird sie auch als »Mal-Rechnen« bezeichnet, da das Rechenzeichen für die Multiplikation der Mal-Punkt (·) ist. Daher gehört die Multiplikation zu den Punktrechnungen.

Die einzelnen Zahlen werden bei einer Multiplikation Faktoren genannt. Sie werden entsprechend der Anzahl durchnummeriert. Die erste Zahl ist der erste Faktor und die zweite Zahl ist der zweite Faktor. Wenn du alle Faktoren multiplizierst oder mal nimmst, erhältst du das Produkt. So wird das Endergebnis der Multiplikation genannt. Der erste Faktor wird auch als Multiplikator und der zweite Faktor als Multiplikand bezeichnet.

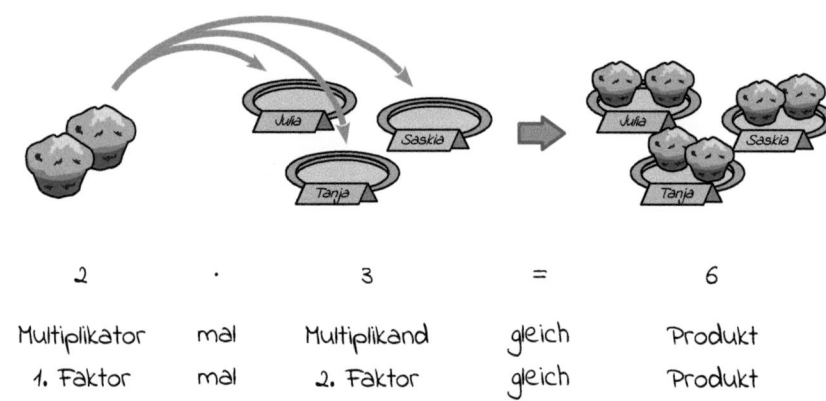

5.2. Die schriftliche Multiplikation

Kleine und wenige Zahlen kannst du noch im Kopf mal nehmen (multiplizieren). Die Rechnung 2 · 4 ist leicht, das ergibt 8. Je nach Übung stößt du bei größeren und vielen Zahlen schnell an die Grenzen deiner Kopfrechenmöglichkeit. Bei 642 · 25 = 16050 tust du dich schon schwerer. Aber keine Angst, wenn du diese Rechnung nicht im Kopf lösen konntest. Es gibt ein sehr einfaches Verfahren, wie du diese Rechnung schriftlich und ohne Taschenrechner erledigen kannst.

Ich zeige dir nun dieses Verfahren anhand von zwei Beispielen. Beim ersten Mal multiplizierst du ausführlich Schritt für Schritt diese zwei Zahlen miteinander. Beim zweiten Beispiel multiplizierst du zwei größere Zahlen. Du wirst sehen, dass die Vorgehensweise genau so einfach ist.

> Mit dem Verfahren der schriftlichen Multiplikation kannst du auf schnelle und einfache Weise zwei Zahlen miteinander multiplizieren. Voraussetzung ist, dass du die schriftliche Addition beherrschst.

Schriftliche Multiplikation von Ganzzahlen

Die Vorgehensweise bei der schriftlichen Multiplikation ist etwas anders als bei der gewöhnlichen Multiplikation, die du bei einfachen Zahlen noch im Kopf durchführst. Beispielsweise wirst du die beiden Zahlen 8 und 9 im Kopf am Stück berechnen (8 · 9 = 72). Bei der schriftlichen Multiplikation weichst du von diesem Schema ab: Du multiplizierst die einzelnen Zahlen nicht mehr am Stück, sondern stellenweise. Anschließend addierst du die einzelnen Stellenspalten nach der schriftlichen Addition. Daher ist es wichtig, dass du die schriftliche Addition beherrschst.

Dazu schreibst du die beiden Faktoren mit einem Malpunkt dazwischen hintereinander und ziehst einen Strich unter die Multiplikation. Wenn du dann multiplizierst, beginnst du immer bei der ersten Ziffer des zweiten Faktors. Diese multiplizierst du nacheinander mit allen Ziffern des ersten Faktors. Starte bei der Multiplikation bei der letzten Ziffer des ersten Faktors. Das Produkt schreibst du jeweils unter den Strich. Sollte dein Produkt zweistellig sein (also größer als 9), musst du es aufteilen: Die hintere Ziffer des Produktes schreibst du unter den Strich. Die vordere Ziffer merkst du dir als Übertrag. Wenn du die nächsten Ziffern multiplizierst, addierst du den Übertrag zu deinem Produkt dazu. Anschließend verfährst du genauso mit den verbleibenden Ziffern des zweiten Faktors: multipliziere sie nacheinander mit allen Ziffern des ersten Faktors (starte dabei immer bei der letzten Ziffer des ersten Faktors).

Wenn du auf diese Weise alle Ziffern miteinander multipliziert hast, ziehst du erneut einen Strich darunter und addierst die einzelnen Zifferspalten nach der schriftlichen Addition. Ja, du hast richtig gelesen: Hier steht wirklich addieren. Du benötigst tatsächlich die schriftliche Addition bei der schriftlichen Multiplikation. Bevor du nun mit dem Addieren beginnst, noch ein paar Worte zur Addition (siehe hierzu auch Kapitel 3.2 ab Seite 9): Die schriftliche Addition erfolgt wie die schriftliche Multiplikation auch ziffern- bzw. spaltenweise. Du addierst hier immer eine Spalte nach der anderen. Beginne bei der Spalte ganz rechts und addiere alle Ziffern der Reihe nach von unten nach oben. Schreibe die Summe unter den Strich unterhalb der Spalte.

Nun folgt die Spalte, die links von der eben berechneten Spalte steht. Addiere auch hier alle Ziffern der Reihe nach von unten nach oben. Schreibe die Summe unter den zweiten Strich unterhalb der Spalte. Sollte deine Summe zweistellig sein (also größer als 9), musst du sie auch aufteilen: Die hintere Ziffer der Summe schreibst du unter den Strich unterhalb der Spalte. Die vordere Ziffer schreibst du als Übertrag in die Spalte davor. Wenn du diese Spalte dann addierst, denke dabei an eventuelle Überträge. Addiere so alle Spalten, bis du ganz links angekommen bist. Das Endergebnis der ursprünglichen Multiplikation (das Produkt) ist die Zahl, die nach der Addition am Ende unter dem zweiten Strich steht.

Ich zeige dir nun die schriftliche Multiplikation anhand eines Beispiels, bei dem du ausführlich Schritt für Schritt zwei Zahlen miteinander multiplizierst.

So multiplizierst du schriftlich 2 Zahlen	So sieht es aus
Diese zwei Zahlen sollen multipliziert werden.	642 · 25
1. Ziehe einen Strich unter die Zahlen.	642 · 25
2. Du beginnst immer bei der ersten Ziffer des zweiten Faktors und multiplizierst sie mit den Einern (letzte Ziffer) des ersten Faktors: 2 · 2 = 4.	642 · 25 2·2=4

So multiplizierst du schriftlich 2 Zahlen	So sieht es aus
3. Schreibe dieses Produkt (die **4**) unter den Strich unterhalb der ersten Ziffer des zweiten Faktors (unter die 2).	642 · 25 ——— 4 2·2=4
4. **Multipliziere** nun die erste Ziffer des zweiten Faktors mit den Zehnern des ersten Faktors: 2 · 4 = 8.	642 · 25 ——— 4 2·4=8
5. Schreibe dieses Produkt (die **8**) unter den Strich vor die vorhin errechnete Ziffer (vor die 4).	642 · 25 ——— 84 2·4=8
6. **Multipliziere** nun die erste Ziffer des zweiten Faktors mit den Hundertern des ersten Faktors: 2 · 6 = 12.	642 · 25 ——— 84 2·6=12
7. Da keine weiteren Stellen zu multiplizieren sind, schreibst du dieses Produkt (die **12**) direkt unter den Strich vor die vorhin errechnete Ziffer (vor die 8). Damit ist das erste **Teilprodukt** fertig.	642 · 25 ——— 1284 2·6=12
8. Hast du die erste Ziffer des zweite Faktors mit allen Stellen des ersten Faktors multipliziert, machst du das Ganze noch einmal mit der zweiten Ziffer des zweiten Faktors. **Multipliziere** sie mit den Einern des 1. Faktors: 5 · 2 = 10.	642 · 25 ——— 1284 5·2=10
9. Dein Produkt ist zweistellig (10). Du musst es aufteilen: Schreibe nur die **0** der 10 unter den Strich unterhalb der zweiten Ziffer des zweiten Faktors. Die **1** der 10 wird als **Übertrag** erst im übernächsten Rechenschritt verwendet.	642 · 25 ——— 1284 0 5·2=10
10. **Multipliziere** nun die zweite Ziffer des zweiten Faktors mit den Zehnern des ersten Faktors: 5 · 4 = 20.	642 · 25 ——— 1284 0 5·4=20
11. Dein Produkt lautet 20. **Addiere** noch die **1** als Übertrag aus dem 9. Schritt: 20 + 1 = 21.	642 · 25 ——— 1284 0 5·4=20+1=21

5. Die schriftliche Multiplikation – Schriftliche Multiplikation von Ganzzahlen

So multiplizierst du schriftlich 2 Zahlen	So sieht es aus
12. Deine Summe ist zweistellig (21). Du musst sie aufteilen: Schreibe nur die 1 der 21 vor die 0. Die 2 der 21 musst du dir als Übertrag für den übernächsten Rechenschritt merken.	642·25 / 1284 / 10 5·4=20+1=21
13. Multipliziere nun die zweite Ziffer des zweiten Faktors mit den Hundertern des ersten Faktors: 5 · 6 = 30.	642·25 / 1284 / 10 5·6=30
14. Dein Produkt lautet 30. Addiere noch die 2 als Übertrag aus dem 12. Schritt: 30 + 2 = 32.	642·25 / 1284 / 10 5·6=30+2=32
15. Da keine weiteren Stellen zu multiplizieren sind, schreibst du diese Summe (die 32) direkt vor die vorhin errechnete Ziffer (vor die 1). Damit ist das zweite Teilprodukt fertig.	642·25 / 1284 / 3210 5·6=30+2=32
16. Nachdem du nun alle Ziffern multipliziert hast, ziehe mit etwas Abstand einen zweiten Strich unter deine Rechnung.	642·25 / 1284 / 3210
17. Nun musst du alle Ziffern addieren: Beginne mit der Spalte ganz rechts. Dort steht nur eine Ziffer, schreibe die 0 daher direkt unter den Strich.	642·25 / 1284 / 3210 / 0
18. Addiere die nächste Spalte: 1 + 4 = 5. Schreibe diese Summe (die 5) vor die eben errechnete Ziffer (die 0).	642·25 / 1284 / 3210 / 50 1+4=5
19. Addiere die nächste Spalte: 2 + 8 = 10. Deine Summe ist zweistellig (10). Du musst sie aufteilen: Schreibe die 0 der 10 unter die Spalte, die 1 der 10 als Übertrag in die nächste Spalte.	642·25 / 1284 / 3210 / 1 / 050 2+8=10
20. Addiere die nächste Spalte: 1 + 3 + 2 = 6. Schreibe diese Summe (die 6) vor die eben errechnete Ziffer (vor die 0).	642·25 / 1284 / 3210 / 1 / 6050 1+3+2=6

So multiplizierst du schriftlich 2 Zahlen	So sieht es aus

21. In der letzten Spalte steht nur eine Ziffer. Schreibe die **1** daher direkt unter den Strich.	642·25
	—1284
	  3210
	     1
	—————
	16050

22. **Fertig!** Du hast soeben zwei Zahlen schriftlich multipliziert. Dein Endergebnis lautet 16050.	642·25 =16050

Du siehst, die schriftliche Multiplikation ist kinderleicht. Das Geheimnis dabei ist, einfach nur Ziffer für Ziffer zu berechnen, dann kannst du Zahlen schnell mal nehmen. Voraussetzung ist, dass du die einzelnen Teilprodukte richtig untereinander schreibst.

Wenn du das Schema verinnerlicht hast, kannst du beliebig große Zahlen multiplizieren. Ich zeige dir nun eine schriftliche Multiplikation mit zwei sehr großen Zahlen. Die Vorgehensweise ist genau so einfach.

So multiplizierst du schriftlich 2 Zahlen	So sieht es aus
Diese zwei Zahlen sollen multipliziert werden.	64572·2596
1. Ziehe einen **Strich** unter die Zahlen.	 64572·2596
2. Du beginnst immer bei der ersten Ziffer des zweiten Faktors und **multiplizierst** sie mit den Einern (letzte Ziffer) des ersten Faktors: 2 · 2 = 4.	64572·2596 2·2=4
3. Schreibe dieses Produkt (die **4**) unter den Strich unterhalb der ersten Ziffer des zweiten Faktors (unter die 2).	64572·2596 2·2=4 4

5. Die schriftliche Multiplikation – Schriftliche Multiplikation von Ganzzahlen

So multiplizierst du schriftlich 2 Zahlen	So sieht es aus
4. **Multipliziere** nun die erste Ziffer des zweiten Faktors mit den Zehnern des ersten Faktors: 2 · 7 = 14.	64572 · 2596 ――――――― 4 2·7=14
5. Dein Produkt ist zweistellig (14). Du musst es aufteilen: Schreibe nur die **4** der 14 unter den Strich vor die eben errechnete Ziffer. Die **1** der 14 musst du dir wieder als **Übertrag** merken.	64572 · 2596 ――――――― 44 2·7=14
6. **Multipliziere** nun die erste Ziffer des zweiten Faktors mit den Hundertern des ersten Faktors: 2 · 5 = 10.	64572 · 2596 ――――――― 44 2·5=10
7. Dein Produkt lautet 10. **Addiere** noch die **1** als Übertrag aus dem 5. Schritt: 10 + 1 = 11.	64572 · 2596 ――――――― 44 2·5=10+1=11
8. Deine Summe ist zweistellig (11). Du musst sie aufteilen: Schreibe nur die zweite **1** der 11 unter den Strich vor die eben errechnete Ziffer (die 4). Die erste **1** der 11 musst du dir wieder als **Übertrag** merken.	64572 · 2596 ――――――― 144 2·5=10+1=11
9. **Multipliziere** nun die erste Ziffer des zweiten Faktors mit den Tausendern des ersten Faktors: 2 · 4 = 8.	64572 · 2596 ――――――― 144 2·4=8
10. Dein Produkt lautet 8. **Addiere** noch die **1** als Übertrag aus dem 8. Schritt: 8 + 1 = 9.	64572 · 2596 ――――――― 144 2·4=8+1=9
11. Schreibe diese Summe (die **9**) unter den Strich vor die eben errechnete Ziffer (vor die 1).	64572 · 2596 ――――――― 9144 2·4=8+1=9
12. **Multipliziere** nun die erste Ziffer des zweiten Faktors mit den Zehntausendern des ersten Faktors: 2 · 6 = 12.	64572 · 2596 ――――――― 9144 2·6=12

So multiplizierst du schriftlich 2 Zahlen	So sieht es aus
13. Da keine weiteren Stellen zu multiplizieren sind, schreibe dieses Produkt (die 12) unter den Strich vor die vorhin berechnete Ziffer (vor die 9). Damit ist das erste Teilprodukt fertig.	64572 · 2596 2·6=12 ――――― 129144
14. Hast du die erste Ziffer des zweiten Faktors mit allen Stellen des ersten Faktors multipliziert, machst du das Ganze nun nacheinander mit der zweiten Ziffer (der 5) des zweiten Faktors. Sie bilden das zweite Teilprodukt. Achte darauf, dass die erste Ziffer (die 0) auch sauber unterhalb der 5 steht.	64572 · 2596 ――――― 129144 322860
15. Die dritte Ziffer (die 9) des zweiten Faktors wird auch mit allen Stellen des ersten Faktors multipliziert. Sie bilden das dritte Teilprodukt. Achte wieder darauf, dass die erste Ziffer (die 8) auch sauber unterhalb der 9 steht.	64572 · 2596 ――――― 129144 322860 581148
16. Auch die vierte Ziffer (die 6) des zweiten Faktors wird mit allen fünf Stellen des ersten Faktors multipliziert. Sie bilden das vierte Teilprodukt. Achte wieder darauf, dass die erste Ziffer (die 2) auch sauber unterhalb der 6 steht.	64572 · 2596 ――――― 129144 322860 581148 387432
17. Nachdem du nun alle Ziffern multipliziert hast, ziehe mit etwas Abstand einen zweiten Strich unter deine Rechnung.	64572 · 2596 ――――― 129144 322860 581148 387432 ―――――
18. Nun musst du noch alle Ziffern addieren: Beginne mit der Spalte ganz rechts. Dort steht nur eine Ziffer, schreibe die 2 daher direkt unter den Strich.	64572 · 2596 ――――― 129144 322860 581148 387432 ――――― 2

5. Die schriftliche Multiplikation – Schriftliche Multiplikation von Ganzzahlen

So multiplizierst du schriftlich 2 Zahlen	So sieht es aus
19. **Addiere** die nächste Spalte: **3 + 8 = 11**. Deine Summe ist zweistellig (11). Du musst sie aufteilen: Schreibe die zweite **1** der 11 unter die Spalte, die erste **1** der 11 als Übertrag in die nächste Spalte (unter die 4).	64572 · 2596 129144 322860 581148 387432 } 3+8=11 1 12
20. **Addiere** die nächste Spalte: **1 + 4 + 4 + 0 = 9**. Schreibe diese Summe (die **9**) unter die Spalte (vor die 1).	64572 · 2596 129144 322860 581148 387432 } 1+4+4+0=9 1 912
21. **Addiere** die nächste Spalte: **7 + 1 + 6 + 4 = 18**. Deine Summe ist zweistellig (18). Du musst sie aufteilen: Schreibe die **8** der 18 unter die Spalte (vor die 9), die **1** der 18 als **Übertrag** in die nächste Spalte (unter die 8).	64572 · 2596 129144 322860 581148 387432 } 7+1+6+4=18 1 1 8912
22. **Addiere** nun auf die gleiche Weise die verbleibenden Spalten. Schreibe deine Summe immer unter den Strich der berechneten Spalte. Denke dabei an eventuelle Überträge.	64572 · 2596 129144 322860 581148 387432 1 1 2 1 1 167628912
23. **Fertig!** Du hast soeben zwei große Zahlen schriftlich multipliziert. Dein Endergebnis lautet 167628912 (= 167 Millionen 628 Tausend 912).	64572 · 2596 =167628912

Du siehst, die schriftliche Multiplikation ist kinderleicht. Da Geheimnis dabei ist, einfach immer nur Ziffer für Ziffer zu berechnen, dann kannst du auch schnell große Zahlen miteinander malnehmen. Voraussetzung ist, dass du die einzelnen Reihen richtig untereinander schreibst.

Schriftliche Multiplikation von mehreren Zahlen

Anders als bei den bisher gelernten Verfahren kannst du bei der schriftlichen Multiplikation immer nur zwei Zahlen multiplizieren. Musst du mehrere Zahlen multiplizieren, so musst du deine Rechnung aufteilen. Du multiplizierst zuerst die ersten beiden Faktoren miteinander, dann das Zwischenergebnis mit dem dritten Faktor usw.

Ich zeige dir nun, wie du drei Zahlen schriftlich multiplizierst.

So multiplizierst du schriftlich drei Zahlen	So sieht es aus
Diese drei Zahlen sollen multipliziert werden.	642 · 25 · 18
1. Ziehe einen **Strich** unter die erste Multiplikation.	642 · 25 · 18
2. Du beginnst immer bei der **ersten Ziffer des zweiten Faktors** und multiplizierst sie nacheinander mit allen Ziffern des ersten Faktors.	642 · 25 · 18 1284
3. Anschließend multiplizierst du die **zweite Ziffer des zweiten Faktors** nacheinander mit allen Ziffern des ersten Faktors.	642 · 25 · 18 1284 3210
4. Nachdem du nun alle Ziffern multipliziert hast, ziehe mit etwas Abstand einen zweiten **Strich** unter deine Rechnung.	642 · 25 · 18 1284 3210
5. **Addiere** nun alle Ziffern in einer Spalte von unten nach oben. Schreibe die Summe unter den Strich. Mit ihr rechnest du jetzt weiter.	642 · 25 · 18 1284 3210 1 16050
6. Damit du noch den Überblick behältst, schreibst du den dritten Faktor mitsamt dem Malpunkt (· 18) hinter deine Summe aus dem 5. Schritt. Der dritte Faktor wird nun zum zweiten Faktor.	642 · 25 · 18 1284 3210 1 16050 · 18
7. Ziehe einen **dritten Strich** unter deine neue Multiplikation.	642 · 25 · 18 1284 3210 1 16050 · 18

So multiplizierst du schriftlich drei Zahlen	So sieht es aus
8. Du multiplizierst wie gewohnt die **erste Ziffer des zweiten Faktors** (die 1) nacheinander mit allen Ziffern des ersten Faktors. Wenn die Ziffer des zweiten Faktors eine **1** ist, kannst du sofort den ersten Faktor als **Teilprodukt** schreiben.	642 · 25 · 18 1284 3210 ~~1111~~ 16050 · 18 16050
9. Anschließend multiplizierst du die **zweite Ziffer des zweiten Faktors** (die 8) nacheinander mit allen Ziffern des ersten Faktors.	642 · 25 · 18 1284 3210 ~~1111~~ 16050 · 18 16050↓ 128400
10. Ziehe mit etwas Abstand einen **vierten Strich** unter deine Rechnung.	642 · 25 · 18 1284 3210 1 16050 · 18 16050 128400 
11. **Addiere** nun wieder alle Ziffern in einer Spalte von unten nach oben. Schreibe die Summe unter den Strich. Sollte eine der Summen zweistellig sein, musst du sie wieder aufteilen.	642 · 25 · 18 1284 3210 1 16050 · 18 16050 128400 } + 288900
12. **Fertig!** Du hast soeben drei Zahlen schriftlich multipliziert. Dein Endergebnis lautet 288900.	642 · 25 · 18 =288900

> Du siehst, die schriftliche Multiplikation ist kinderleicht. Das Geheimnis dabei ist, einfach immer nur Ziffer für Ziffer zu berechnen, dann kannst du auch mehrere Zahlen miteinander malnehmen. Voraussetzung ist, dass du die einzelnen Reihen richtig untereinander schreibst.

Schriftliche Multiplikation von Dezimalzahlen

Eine **Dezimalzahl** ist eine Zahl, die im Gegensatz zu einer Ganzzahl ein Komma besitzt. Nach diesem Komma stehen noch weitere Ziffern, die sogenannten **Dezimalen**. Eine Dezimalzahl ist beispielsweise 9,54. Sie enthält ein **Komma** (das ist der kleine Strich unten zwischen den Ziffern) und danach noch weitere Ziffern, nämlich die 5 und die 4. Wenn du zwei Dezimalzahlen schriftlich multiplizieren sollst, ist die Vorgehensweise genauso wie bei Ganzzahlen. Bei der eigentlichen Multiplikation wird das Komma erst einmal nicht beachtet. Du multiplizierst einfach wie gewohnt die einzelnen Ziffern. Am Schluss musst du in deinem Endergebnis das Komma wieder setzen: Zähle dazu die Kommastellen der beiden Faktoren zusammen und setze es dementsprechend. Haben beide Faktoren beispielsweise je eine Kommastelle, dann hat dein Endergebnis zwei Kommastellen.

Ich zeige dir nun die schriftliche Multiplikation von Dezimalzahlen anhand eines Beispiels, bei dem du ausführlich Schritt für Schritt zwei Dezimalzahlen mit unterschiedlichen Dezimalstellenanzahl miteinander multiplizierst.

So multiplizierst du schriftlich 2 Dezimalzahlen	So sieht es aus
Diese zwei Zahlen sollen multipliziert werden.	$6{,}42 \cdot 2{,}6$
1. Ziehe einen **Strich** unter die Multiplikation.	$6{,}42 \cdot 2{,}6$
2. Du beginnst immer bei der **ersten Ziffer des zweiten Faktors** und multiplizierst sie nacheinander mit allen Ziffern des ersten Faktors. Das Komma ist im Moment nicht von Bedeutung.	$6{,}42 \cdot 2{,}6$ 1284
3. Anschließend multiplizierst du die **zweite Ziffer des zweiten Faktors** nacheinander mit allen Ziffern des ersten Faktors.	$6{,}42 \cdot 2{,}6$ 1284 3852
4. Nachdem du nun alle Ziffern multipliziert hast, ziehe mit etwas Abstand einen zweiten **Strich** unter deine Rechnung und **addiere** alles.	$6{,}42 \cdot 2{,}6$ 1284 3852 1 16692

So multiplizierst du schriftlich 2 Dezimalzahlen	So sieht es aus
5. Bislang hast du kein Komma beachtet. Jetzt musst du es in deinem Endergebnis wieder setzen. Zähle dazu die Kommastellen der beiden Faktoren zusammen: Der erste Faktor hat zwei Kommastellen, der zweite Faktor eine. Daher hat dein Endergebnis 3 Kommastellen (2 + 1 = 3).	6,42 → 2 Stellen 2,6 → 1 Stelle = 3 Stellen
6. Setze nun in deinem Endergebnis vor der 3. Ziffer von hinten (zwischen den 6ern) das Komma. Aus der Ziffernfolge 16692 wurde nun die Zahl 16,692.	16692 → 16,692 Komma nach der 3. Stelle von hinten setzen
7. Fertig! Du hast soeben zwei Dezimalzahlen schriftlich multipliziert. Dein Endergebnis lautet 16,692.	6,42 · 2,6 = 16,692

Du siehst, die schriftliche Multiplikation ist kinderleicht. Das Geheimnis dabei ist, einfach immer nur Ziffer für Ziffer zu berechnen, dann kannst du auch Dezimalzahlen schnell miteinander malnehmen. Zähle anschließend die Kommastellen der beiden Faktoren zusammen und setze dementsprechend das Komma in deinem Endergebnis.

5.3. Kleiner Trick...

Die schriftliche Multiplikation beinhaltet im letzten Teil eine schriftliche Addition, bei der du die einzelnen Teilprodukte aus der Ziffern-Multiplikation des zweiten Faktors zusammenzählst. Der zweite Faktor bestimmt also, wie viele einzelne Teilprodukte du addieren musst. Je mehr Stellen er hat, desto mehr Teilprodukte entstehen. Nun gibt es einen Trick, wie du dir einiges an Schreibarbeit ersparen kannst, wenn der zweite Faktor mehr Stellen hat: Bei der Multiplikation gilt das Kommutativgesetz.

Das Wort Kommutativ stammt vom lateinischen Wort »commutare«, das so viel wie »vertauschen« bedeutet. Daher heißt das Kommutativgesetz auf deutsch auch Vertauschungsgesetz. Bei diesem Gesetz kannst du in einer Multiplikation zwei beliebige Faktoren vertauschen, ohne dass sich dabei der Wert des Ergebnisses ändert.

Stell dir einfach Teller und rote Äpfel vor. Das linke Bild zeigt zwei Teller. Auf jedem Teller befinden sich 3 Äpfel. Es sind also insgesamt 6 Äpfel, da 2 · 3 = 6 ergibt. Das rechte Bild hingegen zeigt drei Teller. Auf jedem Teller befinden sich dieses Mal nur 2 Äpfel. Auch hier sind es insgesamt 6 Äpfel, da 3 · 2 auch 6 ergibt. Es spielt also keine Rolle, ob du 2 · 3 = 6 oder 3 · 2 = 6 rechnest, das Endergebnis ist bei beiden Varianten gleich.

$\quad\quad\quad\quad$ 2 · 3 = 6 $\quad\quad\quad\quad\quad\quad\quad\quad$ 3 · 2 = 6
1. Faktor · 2. Faktor = Produkt $\quad\quad$ 2. Faktor · 1. Faktor = Produkt

Du drehst also einfach beide Faktoren um. Nun hat der neue zweite Faktor weniger stellen und es entstehen so weniger Teilprodukte, die du anschließend addieren musst. Natürlich kannst du es auch andersherum anwenden: Wenn der zweite Faktor mehr Stellen als der erste Faktor hat, werden deine Teilprodukte vom Wert her nicht so hoch. Dies ist vor allem dann hilfreich, wenn du dich mit kleinen Zahlen leichter tust.

So multiplizierst du schriftlich 2 Zahlen	So sieht es aus
Diese zwei Zahlen sollen multipliziert werden.	15 · 3162
1. Der zweite Faktor (die 3162) hat mehr Stellen als der erste Faktor (die 15), nämlich vier. Du erhältst daher auch vier kleine Teilprodukte, die du später alle addieren musst.	15 · 3162 45 15 90 30 1 ――― 47430
2. Nun drehst du die beiden Faktoren um. Der Faktor mit den weniger Stellen (die 15) steht nun an zweiter Stelle.	15 · 3162 3162 · 15
3. Der zweite Faktor hat jetzt nur noch zwei Stellen. Du erhältst daher auch nur zwei Teilprodukte, die du später addieren musst.	3162 · 15 3162 15810 1 ――― 47430
4. Dein Endergebnis ist in beiden Fällen 47430.	15 · 3162 = 47430 3162 · 15 = 47430

Mit diesem einfachen Trick kannst du dir eine Menge Arbeit ersparen. Du hast dann weniger Teilprodukte, die du später addieren musst, allerdings werden die Zahlen wertmäßig größer. Mit der schriftlichen Addition kannst du ja bereits beliebig große Zahlen addieren.

5.4. Typische Fehler

Die schriftliche Multiplikation ist ein einfaches schriftliches Rechenverfahren, das du mit etwas Übung schnell und richtig anwenden kannst. Trotzdem können zu Beginn typische Fehler auftauchen. Ein Fehler ist ärgerlich. Er bedeutet aber nicht, dass du es nicht verstanden hast. Viele Fehler sind einfach nur Leichtsinnsfehler, die entstehen, wenn du unsauber vorgehst. Versuche trotzdem nachzuvollziehen, was du falsch gemacht hast, damit du diesen Fehler bei späteren Aufgaben nicht mehr machst. Denn nichts ist schlimmer, als wenn ein Fehler ignoriert wird und er sich dadurch festigt.

Ich zeige dir nachfolgend einige typische Fehler der schriftlichen Multiplikation und wie du sie erkennen kannst. In der Spalte »falsch« steht die fehlerhafte Aufgabe, in der Spalte »richtig« die selbe Aufgabe, wie sie eigentlich gelöst werden müsste.

Das ist passiert	So merkst du es	falsch	richtig
Die Teilprodukte wurden falsch angeordnet oder unsauber aufgeschrieben. Die Ziffern stehen nicht stellenweise untereinander. → alle Zahlen immer rechtsbündig und treppenförmig schreiben!	Die Teilprodukte müssen immer treppenförmig angeordnet sein.	123 · 45 492 615 1 ――― 1107	123 · 45 492↓ 615 1 ――― 5535
Der Übertrag wurde als zusätzliche Ziffer im Teilprodukt notiert. → Überträge merken und bei der nächsten Teilmultiplikation hinzu addieren!	Das Endergebnis ist unverhältnismäßig hoch.	352 · 24 6104 12208 ――― 73248	352 · 24 704 1408 ――― 8448
Die Null im Multiplikand (2. Zahl) wurde nicht beachtet. → immer alle Stellen berechnen, auch wenn dort eine Null steht!	Es müssen immer so viele Teilprodukte sein, wie der Multiplikand (2. Zahl) an Ziffern hat.	123 · 40 492	123 · 40 492 000 ――― 4920

Das ist passiert	So merkst du es	falsch	richtig
Die Null wurde im Multiplikator (1. Zahl) nicht beachtet. → immer alle Ziffern multiplizieren, auch eine Null!	Das Teilprodukt muss mindestens so viele Ziffern haben wie der Multiplikator (1. Zahl).	302 · 25 64 160 1 ‾‾‾‾ 700	302 · 25 604 1510 ‾‾‾‾ 7550
Die Überträge wurden in der Multiplikation vergessen. → Überträge merken und bei der nächsten Teilmultiplikation hinzu addieren!	Dieser Fehler ist nicht erkennbar.	456 · 34 1258 1604 1 ‾‾‾‾ 14184	456 · 34 1368 1824 1 1 ‾‾‾‾ 15504
Die Überträge wurden bei der anschließenden Addition vergessen. → den Übertrag immer in die Spalte davor schreiben!	Dieser Fehler ist nicht erkennbar.	456 · 34 1368 1824 ‾‾‾‾ 14404	456 · 34 1368 1824 1 1 ‾‾‾‾ 15504

Die schriftliche Multiplikation ist ein einfaches schriftliches Rechenverfahren, das du schnell und richtig anwenden kannst. Versuche bei einem Fehler trotzdem nachzuvollziehen, was du falsch gemacht hast, damit du den gleichen Fehler bei späteren Aufgaben vermeidest.

5.5. Übungen zu „Die schriftliche Multiplikation"

→ die Lösungen stehen ab Seite 87

Nachdem du nun die Grundlagen der schriftlichen Multiplikation gelernt hast, ist es an der Zeit, dein neues Wissen anzuwenden. Hier findest du viele Übungsaufgaben, bei denen du ausgiebig üben kannst.

9. Multipliziere diese zwei Zahlen schriftlich.

a) 189 · 7
b) 171 · 6
c) 178 · 5
d) 171 · 9
e) 130 · 7
f) 133 · 8
g) 2349 · 2
h) 6066 · 9
i) 3930 · 6
j) 8312 · 4
k) 8473 · 8
l) 6934 · 9

10. Multipliziere diese zwei Zahlen schriftlich.

a) 4392 · 61
b) 2474 · 87
c) 5943 · 58
d) 4138 · 63
e) 2225 · 73
f) 2468 · 82
g) 540691 · 25
h) 179346 · 38
i) 843044 · 51
j) 399135 · 32
k) 778192 · 63
l) 492474 · 85

11. Multipliziere diese zwei Zahlen schriftlich.

a) 974 · 682   b) 116 · 357
c) 3744 · 157   d) 8434 · 811
e) 3880 · 712   f) 9393 · 800
g) 247963 · 2116   h) 501632 · 2180
i) 462529 · 3313   j) 365315 · 6950
k) 399450 · 9981   l) 503568 · 3930

12. Multipliziere diese drei Zahlen schriftlich.

a) 51 · 81 · 47   b) 12 · 14 · 54
c) 97 · 81 · 61   d) 81 · 74 · 90
e) 493 · 55 · 45   f) 349 · 87 · 83
g) 111 · 22 · 59   h) 889 · 15 · 53
i) 9067 · 948 · 28   j) 9327 · 142 · 82
k) 2850 · 297 · 68   l) 3466 · 667 · 54

13. Multipliziere diese zwei Dezimalzahlen schriftlich.

a) 5,8 · 5,5   b) 3,2 · 5,5
c) 7,3 · 3,5   d) 4,2 · 9,1
e) 0,38 · 8,6   f) 7,96 · 9,5
g) 3,63 · 8,5   h) 9,64 · 0,7
i) 7,225 · 8,4   j) 0,394 · 5,8
k) 9,571 · 1,79   l) 7,752 · 9,36

6. Die schriftliche Division

6.1. Grundlagen der Division

Das Wort Division stammt von dem lateinischen Wort »divisio« und bedeutet »teilen«. Du teilst also eine Zahl durch eine andere Zahl. Dein Endergebnis am Ende der Rechnung ist daher kleiner als die erste Zahl. So kannst du überprüfen, ob du richtig gerechnet hast. Oft wird sie auch als »Geteilt-Durch-Rechnen« bezeichnet, da das Rechenzeichen für die Division der Geteilt-Durch-Doppelpunkt (:) ist. Daher gehört die Division zu den Punktrechnungen.

Die erste Zahl bei einer Division wird Dividend genannt. Das ist lateinisch und bedeutet »das zu Teilende«. Diese Zahl wird also geteilt. Die zweite Zahl bei einer Division wird Divisor genannt. Das ist auch wieder lateinisch und bedeutet »der, der teilt«. Diese Zahl teilt also den Dividend. Das Endergebnis einer Division wird Quotient genannt.

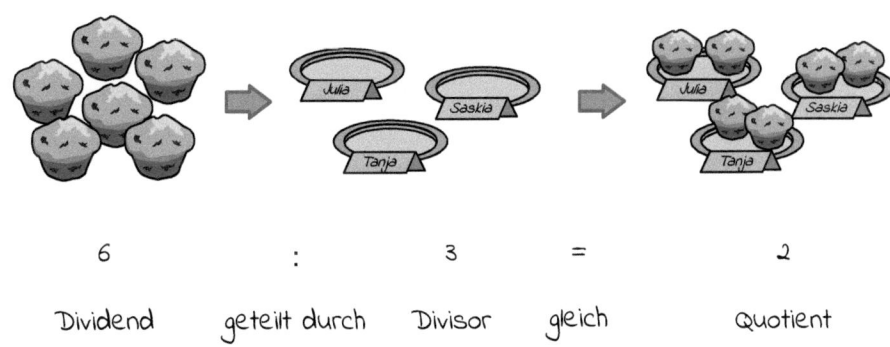

6.2. Die schriftliche Division

Kleine und wenige Zahlen kannst du noch im Kopf teilen (dividieren). Die Rechnung 12 : 4 = 3 ist leicht. Je nach Übung stößt du bei größeren und vielen Zahlen schnell an die Grenzen deiner Kopfrechenmöglichkeit. Bei 160 : 5 = 32 tust du dich schon schwerer. Aber keine Angst, wenn du diese Rechnung nicht im Kopf lösen konntest. Es gibt ein Verfahren, wie du diese Rechnung schriftlich und ohne Taschenrechner erledigen kannst.

Die schriftliche Division ist die schwierigste aller schriftlichen Rechenverfahren. Dies liegt zum einen daran, dass die Division an sich schon anspruchsvoll ist. Zum anderen besteht die schriftliche Division auch noch aus mehren Rechenarten, nämlich aus der Multiplikation und der Subtraktion. Hinzu kommt noch, dass bei der schriftlichen Division von links nach rechts gerechnet wird.

Ich zeige dir dieses Verfahren anhand von zwei Beispielen. Beim ersten Mal dividierst du ausführlich Schritt für Schritt diese zwei Zahlen miteinander. Beim zweiten Beispiel dividierst du zwei größere Zahlen. Du wirst dabei sehen, dass die Vorgehensweise etwas anders, aber genau so einfach ist.

Mit dem Verfahren der schriftlichen Division kannst du auf schnelle und einfache Weise zwei Zahlen miteinander dividieren. Voraussetzung ist, dass du die Grundlagen der schriftlichen Multiplikation und der schriftlichen Subtraktion beherrschst.

Schriftliche Division von Ganzzahlen ohne Rest

Die Vorgehensweise bei der schriftlichen Division ist etwas anders als bei der gewöhnlichen Division, die du bei einfachen Zahlen noch im Kopf durchführst. Diese beiden Zahlen 160 und 5 wirst du im Kopf am Stück berechnen (160 : 5 = 32). Bei der schriftlichen Division weichst du von diesem Schema ab: Du dividierst die einzelnen Zahlen nicht mehr am Stück, sondern stellenweise. Dafür benötigst du weitere Grundrechenarten: die Multiplikation und die Subtraktion. Daher solltest du die Grundlagen der schriftlichen Multiplikation und der schriftlichen Subtraktion beherrschen.

Beginne bei der ersten Ziffer des Dividenden, der ersten Zahl der Division. Diese teilst du *ganzzahlig* durch den Divisor, die zweite Zahl. Ganzzahlig heißt, du schaust einfach nach, wie oft der Divisor komplett in den Dividend passt. Sollte der Divisor nicht in den Dividend passen, weil der Divisor größer ist, dann nimmst du einfach die nächste Stelle hinzu und teilst beide durch den Divisor: 16 : 5 = 3. Ein eventueller Rest, der übrig bleibt, interessiert dich im Moment nicht. Diesen ganzzahligen Quotienten (die 3) schreibst du nun hinter das Gleichheitszeichen.

Jetzt änderst du deine Rechenart und *multiplizierst* erst einmal. Und zwar wird jetzt der ganzzahlige Quotient von gerade eben mit dem Divisor multipliziert: 3 · 5 = 15. Diese Multiplikation wird auch *Gegenrechnung* genannt. Dieses Produkt (die 15) schreibst du anschließend stellenrichtig unter die Ziffer/n, die du ursprünglich durch den Divisor geteilt hast, also unter die 16.

Damit ist die Multiplikation auch schon beendet und du verwendest die dritte Rechenart, die *Subtraktion*. Hier wird nicht viel subtrahiert, lediglich das Produkt der Gegenrechnung mit den entsprechenden Ziffern des Dividenden: 16 − 15 = 1. Das war auch schon die Subtraktion. Nun ziehst du dir die nächste Ziffer des Dividenden herunter (die 0) und schreibst sie hinter die Differenz der Subtraktion (hinter die 1). Achtung: Du darfst hierbei nicht addieren, nur *zusammenbauen*: 1 und 0 ergibt 10!

Das Ganze beginnt wieder von vorne: Teile diese zusammengebaute Zahl (die 10) wieder ganzzahlig durch den Divisor: 10 : 5 = 2. Schreibe den ganzzahligen Quotient (die 2) wieder hinter die letzte Ziffer hinter dem Gleichheitszeichen (hinter die 3) und führe die Gegenrechnung durch: Multipliziere den ganzzahligen Quotienten mit dem Divisor (2 · 5 = 10) und schreibe das Produkt wieder stellenrichtig unter die zusammengebaute Zahl. Nun noch subtrahieren (10 − 10 = 0) und die nächste Ziffer herunter ziehen... Das Ganze machst du so lange, bis du alle Ziffern des Dividenden aufgebraucht hast und keine mehr herunter ziehen kannst. Deine Differenz der Subtraktion beträgt dann auch 0. Damit bist du mit deiner Division fertig.

Ich zeige dir nun auf der nächsten Seite die schriftliche Division anhand eines Beispiels, bei dem du ausführlich Schritt für Schritt zwei Zahlen dividierst.

So dividierst du schriftlich zwei Zahlen	So sieht es aus
Diese zwei Zahlen sollen dividiert werden.	$160 : 5$
1. Berechne, wie oft die 5 in die 1 passt: 0 Mal, da die 5 größer als die 1 ist.	$160 : 5 = 0$
2. Nimm die nächste Stelle (die 6) mit dazu. Du erhältst nun die Zahl 16.	$160 : 5 = 0$
3. Berechne, wie oft die 5 in die 16 passt: 3 Mal. Diese 3 schreibst du hinter das Gleichheitszeichen.	$160 : 5 = 3$
4. Jetzt kommt die Gegenrechnung: Multipliziere dazu $3 \cdot 5 = 15$. Schreibe dieses Produkt (die 15) stellenrichtig unter die 16.	$160 : 5 = 3$ 15
5. Setze vor die 15 ein Minus (−) und ziehe einen Strich darunter.	160 -15
6. Subtrahiere nun $16 - 15 = 1$. Schreibe diese Differenz (die 1) unter den Strich.	$160 : 5 = 3$ -15 } $16-15=1$ 1
7. Ziehe die nächste Stelle (die 0) herunter und schreibe sie hinter die Differenz aus Schritt 6 (hinter die 1). Du erhältst nun die Zahl 10.	$160 : 5 = 3$ $-15\downarrow$ 10
8. Berechne, wie oft die 5 in die 10 passt: genau 2 Mal. Diese 2 schreibst du hinter das Gleichheitszeichen hinter die schon dort stehende 3.	$160 : 5 = 32$ -15 10
9. Jetzt kommt die Gegenrechnung: Multipliziere dazu $2 \cdot 5 = 10$. Schreibe dieses Produkt (die 10) stellenrichtig unter die 10.	$160 : 5 = 32$ -15 10 10
10. Setze vor die untere 10 ein Minus (−) und ziehe einen Strich darunter.	$160 : 5 = 32$ -15 10 -10
11. Subtrahiere nun $10 - 10 = 0$. Schreibe diese Differenz (die 0) unter den Strich.	$160 : 5 = 32$ -15 10 -10 } $10-10=0$ 0

So dividierst du schriftlich zwei Zahlen	So sieht es aus
12. Wenn bei deiner Subtraktion unter dem Strich als Differenz 0 herauskommt und du bereits alle Ziffern herunter gezogen hast, bist du mit deiner Division fertig.	160 : 5 = 32 −15 — 10 −10 — 0
13. Fertig! Du hast soeben zwei Zahlen schriftlich dividiert. Dein Endergebnis lautet 32.	160 : 5 = 32

Du siehst, die schriftliche Division ohne Rest ist leicht, obwohl du dabei viele Rechenarten anwenden musst. Das Geheimnis dabei ist, einfach immer nur Ziffer für Ziffer zu berechnen, dann kannst du Zahlen schnell teilen. Voraussetzung ist, dass du die einzelnen Reihen richtig untereinander schreibst.

Wenn du das Schema verinnerlicht hast, kannst du damit beliebig große Zahlen dividieren. Die Vorgehensweise ist genau so einfach. Ich zeige dir nun die schriftliche Division anhand eines Beispiels, bei dem du ausführlich Schritt für Schritt zwei Zahlen dividierst. Hierbei ist der Divisor zweistellig. Teile auch hier wieder jede Ziffer des Dividenden durch den Divisor, bilde die Gegenrechnung und subtrahiere wieder. Du tust dich bei der Berechnung leichter, wenn du im großen Einmaleins sicher bist.

So dividierst du schriftlich zwei Zahlen	So sieht es aus
Diese zwei Zahlen sollen dividiert werden.	941112 : 12
1. Berechne, wie oft die 12 in die 9 passt: 0 Mal, da die 12 größer als die 9 ist.	941112 : 12 = 0
2. Nimm die nächste Stelle (die 4) mit dazu. Du erhältst nun die Zahl 94.	941112 : 12 = 0
3. Berechne, wie oft die 12 in die 94 passt: 7 Mal. Diese 7 schreibst du hinter das Gleichheitszeichen.	941112 : 12 = 7

So dividierst du schriftlich zwei Zahlen	So sieht es aus
4. Jetzt kommt die Gegenrechnung: Multipliziere dazu 7 · 12 = 84. Schreibe dieses Produkt (die 84) stellrichtig unter die 94.	941112 : 12 = 7 84
5. Setze vor die 84 ein Minus (–) und ziehe einen Strich darunter.	941112 : 12 = 7 – 84
6. Subtrahiere nun 94 – 84 = 10. Schreibe diese Differenz (die 10) unter den Strich.	941112 : 12 = 7 – 84 } 94–84=10 10
7. Ziehe die nächste Stelle (die erste 1) herunter und schreibe sie hinter deine Differenz vom 6. Schritt (die 10). Du erhältst nun die Zahl 101.	941112 : 12 = 7 – 84↓ 101
8. Berechne, wie oft die 12 in die 101 passt: 8 Mal. Diese 8 schreibst du hinter das Gleichheitszeichen hinter die 7.	941112 : 12 = 78 – 84 101
9. Jetzt kommt die Gegenrechnung: Multipliziere dazu 8 · 12 = 96. Schreibe dieses Produkt (die 96) stellrichtig unter die 101. Wie du sehen kannst, ist die 96 weiter eingerückt als die 101. Dies liegt daran, dass die 96 keine Hunderterstelle hat.	941112 : 12 = 78 – 84 101 96
10. Setze vor die 96 ein Minus (–) und ziehe einen Strich darunter.	941112 : 12 = 78 – 84 101 – 96
11. Subtrahiere nun 101 – 96 = 5. Schreibe diese Differenz (die 5) unter den Strich.	941112 : 12 = 78 – 84 101 } 101–96=5 – 96 5
12. Ziehe die nächste Stelle (die zweite 1) herunter und schreibe sie hinter deine Differenz aus dem 11 Schritt (die 5). Du erhältst nun die Zahl 51.	941112 : 12 = 78 – 84 101 – 96↓ 51

So dividierst du schriftlich zwei Zahlen	So sieht es aus
13. Auf diese Weiße setzt du die Division fort. Wenn bei deiner Subtraktion unter dem Strich als Differenz 0 herauskommt und du bereits alle Ziffern heruntergezogen hast, bist du mit deiner Division fertig.	941112 : 12 = 78426 -84↓ 101 - 96↓ 51 -48↓ 31 -24↓ 72 -72 0
14. **Fertig!** Du hast soeben zwei Zahlen schriftlich dividiert. Dein Endergebnis lautet 78426.	941112 : 12 = 78426

Du siehst, die schriftliche Division ohne Rest ist leicht. Das Geheimnis dabei ist, einfach immer nur Ziffer für Ziffer zu berechnen, dann kannst auch große Zahlen schnell teilen. Voraussetzung ist, dass du die einzelnen Reihen richtig untereinander schreibst.

Schriftliche Division von Ganzzahlen mit Rest

Bislang war der Dividend ein ganzzahliges Vielfaches des Divisors. Das bedeutet, der Divisor passt immer genau ganzzahlig in den Dividend. Es ging immer auf, so wie bei 160 : 5 = 32. Die 5 passte genau 32 Mal in die 160. Nun hast du bei manchen Aufgaben nicht immer dieses Glück. Oft ist der Dividend kein ganzzahliges Vielfaches des Divisors. Das bedeutet, der Divisor passt **nicht genau ganzzahlig** in den Dividend, es bleibt ein **Rest** übrig. Dieses Mal teilen wir nicht 160 durch 5, sondern wir erhöhen den Dividend um zwei und teilen somit 162 durch 5 (162 : 5). Die 5 passt wieder genau 32 Mal in die 162. Es bleibt ein Rest von 2 übrig, da 32 · 5 = 160 ist, der Dividend jedoch 162 beträgt. Hierfür gibt es eine Lösung.

Beginne bei der ersten Ziffer des Dividenden, der ersten Zahl der Division. Diese teilst du ganzzahlig durch den Divisor, die zweite Zahl. Ganzzahlig heißt, du schaust einfach nach, wie oft der Divisor komplett in den Dividend passt. Sollte der Divisor nicht einmal in den Dividend passen, weil der Divisor größer ist, dann nimmst du einfach die nächste Stelle hinzu und teilst beide durch den Divisor: 16 : 5 = 3. Ein eventueller Rest, der übrig bleibt, interessiert dich im Moment nicht. Diesen ganzzahligen Quotienten (die 3) schreibst du nun hinter das Gleichheitszeichen.

Jetzt änderst du deine Rechenart und multiplizierst erst einmal. Und zwar wird jetzt der ganzzahlige Quotient von gerade eben mit dem Divisor multipliziert: 3 · 5 = 15. Diese Multiplikation wird auch Gegenrechnung genannt. Dieses Produkt (die 15) schreibst du anschließend stellenrichtig unter die Ziffer/n, die du ursprünglich durch den Divisor geteilt hast, also unter die 16.

Damit ist die Multiplikation auch schon beendet und du verwendest die dritte Rechenart, die Subtraktion. Hier wird nicht viel subtrahiert, lediglich das Produkt der Gegenrechnung mit der entsprechenden Ziffer des Dividenden: 16 − 15 = 1. Das war auch schon die Subtraktion. Nun ziehst du dir die nächste Ziffer des Dividenden herunter (die 2) und schreibst sie hinter die Differenz der Subtraktion (hinter die 1). Achtung: Du darfst hierbei nicht addieren, nur zusammenbauen: 1 und 2 ergibt 12!

Das Ganze beginnt wieder von vorne: Teile diese zusammengebaute Zahl (die 12) wieder ganzzahlig durch den Divisor: 12 : 5 = 2. Schreibe den ganzzahligen Quotient (die 2) wieder hinter die letzte Ziffer hinter dem Gleichheitszeichen (hinter die 3) und führe die Gegenrechnung durch: Multipliziere den ganzzahligen Quotient mit dem Divisor (2 · 5 = 10) und schreibe das Produkt wieder stellenrichtig unter die zusammengebaute Zahl. Nun noch subtrahieren (12 − 10 = 2) und die nächste Ziffer herunter ziehen...

Das machst du so lange, bis du alle Ziffern des Dividenden aufgebraucht hast und keine mehr herunter ziehen kannst. Bei der Division mit Rest beträgt dein Ergebnis der Subtraktion an dieser Stelle nicht 0, sondern so wie hier 2. Mathematiker kennen für alles einen Weg: Setze einfach im Endergebnis nach der letzten Ziffer nach dem Gleichheitszeichen ein Komma. Dein Dividend (die erste Zahl) enthält auch ein Komma, das man nur nicht schreibt, da danach nur Nullen stehen. So kannst du 162 auch als 162,0 oder als 162,0000 schreiben. Wie du siehst, hast du nun genügend neue Ziffern zum herunter ziehen. Ziehe dir einfach eine Null (0) herunter, setzt sie hinter die Differenz der Subtraktion und rechne wie gewohnt weiter. Das machst du so lange, bis dein Ergebnis der Subtraktion endlich 0 beträgt. Damit bist du mit deiner Division fertig.

Ich zeige dir nun die schriftliche Division anhand eines Beispiels, bei dem du ausführlich Schritt für Schritt zwei Zahlen dividierst.

So dividierst du schriftlich zwei Zahlen	So sieht es aus
Diese zwei Zahlen sollen dividiert werden.	162 : 5
1. Berechne, wie oft die 5 in die 1 passt: 0 Mal, da die 5 größer als die 1 ist.	162 : 5 = 0
2. Nimm die nächste Stelle (die 6) mit dazu. Du erhältst nun die Zahl 16.	162 : 5 =
3. Berechne, wie oft die 5 in die 16 passt: 3 Mal. Diese 3 schreibst du hinter das Gleichheitszeichen.	162 : 5 = 3
4. Jetzt kommt die Gegenrechnung: Multipliziere dazu 3 · 5 = 15. Schreibe dieses Produkt (die 15) stellenrichtig unter die 16.	162 : 5 = 3 15
5. Setze vor die 15 ein Minus (−) und ziehe einen Strich darunter.	162 −15
6. Subtrahiere nun 16 − 15 = 1. Schreibe diese Differenz (die 1) unter den Strich.	162 : 5 = 3 −15 16−15=1 1
7. Ziehe die nächste Stelle (die 2) herunter und schreibe sie hinter deine Differenz aus dem 6. Schritt (die 1). Du erhältst die Zahl 12.	162 : 5 = 3 −15↓ 12
8. Berechne, wie oft die 5 in die 12 passt: 2 Mal. Diese 2 schreibst du hinter das Gleichheitszeichen hinter die 3.	162 : 5 = 32 −15 12
9. Jetzt kommt die Gegenrechnung: Multipliziere dazu 2 · 5 = 10. Schreibe dieses Produkt (die 10) stellenrichtig unter die 12.	162 : 5 = 32 −15 12 10
10. Setze vor die 10 ein Minus (−) und ziehe einen Strich darunter.	162 : 5 = 32 −15 12 −10

So dividierst du schriftlich zwei Zahlen	So sieht es aus
11. **Subtrahiere** nun 12 − 10 = 2. Schreibe diese Differenz (die 2) unter den Strich.	162 : 5 = 3 2 −15 12 } 12−10=2 −10 2 ←
12. Jetzt hast du alle Stellen herunter gezogen, aber noch einen **Rest von 2** übrig. Setze in deinem Endergebnis ein **Komma**. Dieses Komma setzt du virtuell auch in deinem Dividend, der somit zu 162,00 wird. Alle Stellen, die du jetzt herunter ziehst, haben immer den **Wert 0**.	162 : 5 = 3 2 , −15 12 −10 2
13. Ziehe **die erste 0** herunter und schreibe sie hinter deine Differenz aus dem 11. Schritt (die 2). Du erhältst die Zahl **20**.	162 : 5 = 3 2 , −15 12 0 −10 ↙ 20
14. Berechne, wie oft die **5 in die 20** passt: **4 Mal**. Diese **4** schreibst du hinter das Gleichheitszeichen hinter das Komma.	162 : 5 = 3 2 , 4 −15 12 −10 20
15. Jetzt kommt die **Gegenrechnung**: **Multipliziere** dazu 4 · 5 = 20. Schreibe dieses Produkt (die 20) stellenrichtig unter die 20.	162 : 5 = 3 2 , 4 −15 12 −10 20 20
16. Setze vor die untere 20 ein Minus (−) und ziehe einen **Strich** darunter.	162 : 5 = 3 2 , 4 −15 12 −10 20 −20

So dividierst du schriftlich zwei Zahlen	So sieht es aus
17. **Subtrahiere** nun 20 − 20 = 0. Schreibe die Differenz (die 0) unter den Strich. Wenn du bereits ein Komma gesetzt hast und nun bei deiner Subtraktion unter dem Strich als Differenz eine 0 herauskommt, bist du mit deiner Division fertig. Ansonsten müsstet du jetzt eine weitere 0 herunter ziehen und weiter rechnen.	162 : 5 = 32,4 −15 — 12 −10 — 20 −20 } 20−20=0 — 0
18. **Fertig!** Du hast soeben zwei Zahlen schriftlich dividiert. Dein Endergebnis lautet 32,4	162 : 5 = 32,4

Du siehst, die schriftliche Division mit Rest ist leicht. Das Geheimnis dabei ist, einfach immer nur Ziffer für Ziffer zu berechnen, dann kannst du Zahlen schnell teilen. Voraussetzung ist, dass du die einzelnen Reihen richtig untereinander schreibst.

Schriftliche Division von Dezimalzahlen

Eine **Dezimalzahl** ist eine Zahl, die im Gegensatz zu einer Ganzzahl ein **Komma** besitzt. Nach diesem Komma stehen noch weitere Ziffern, die sogenannten **Dezimalen**. Eine Dezimalzahl ist beispielsweise 9,54. Sie enthält ein Komma (das ist der kleine Strich unten zwischen den Ziffern) und danach noch weitere Ziffern, nämlich die 5 und die 4. Wenn du zwei Dezimalzahlen schriftlich dividieren sollst, ist die Vorgehensweise genauso wie mit Ganzzahlen. Nur mit einer Ausnahme: Im Gegensatz zu den anderen schriftlichen Rechenverfahren darf der Divisor (die zweite Zahl) keine Dezimalzahl sein. Wenn du so einen Fall hast, musst du einen Trick anwenden. Schaue daher, wo dein Komma steht.

Der Dividend ist eine Dezimalzahl

Wenn der Dividend (die erste Zahl) eine Dezimalzahl ist, rechnest du nach dem bekannten Schema, bis du an die Stelle kommst, wo du als nächstes das Komma herunter ziehen würdest. Das ziehst du natürlich nicht herunter, sondern setze es einfach in deinem Endergebnis nach dem Gleichheitszeichen. Anschließend ziehst du die erste Ziffer nach dem Komma herunter und rechnest wieder wie gewohnt weiter. Wenn du bei deiner Subtraktion als Differenz eine 0 herausbekommst und du bereits alle Ziffern herunter gezogen hast, bist du mit deiner Division fertig. Solltest du an dieser Stelle noch einen Rest haben, ziehe weitere Nullen herunter und rechne solange weiter, bis du bei deiner Subtaktion 0 herausbekommst.

Ich zeige dir nun die schriftliche Division anhand eines Beispiels, bei dem du ausführlich Schritt für Schritt eine Dezimalzahl durch eine Ganzzahl dividierst.

So dividierst du schriftlich eine Dezimalzahl	So sieht es aus
Diese zwei Zahlen sollen dividiert werden.	$73,2 : 6$
1. Berechne, wie oft die **6 in die 7** passt: **1 Mal**. Diese **1** schreibst du hinter das Gleichheitszeichen.	$73,2 : 6 = 1$
2. Jetzt kommt die **Gegenrechnung**: Multipliziere dazu **1 · 6 = 6**. Schreibe dieses Produkt (die 6) stellenrichtig unter die 7.	$73,2 : 6 = 1$ 6
3. Setze vor die 6 ein Minus (−) und ziehe einen **Strich** darunter.	$73,2 : 6 = 1$ -6
4. **Subtrahiere** nun **7 − 6 = 1**. Schreibe diese Differenz (die 1) unter den Strich.	$73,2 : 6 = 1$ -6 $\quad 7-6=1$ $\;\;1$
5. Ziehe nun die **nächste Stelle** (die 3) herunter und schreibe sie hinter deine Differenz aus dem 4. Schritt (die 1). Du erhältst nun die Zahl **13**.	$73,2 : 6 = 1$ $-6\downarrow$ $\;\;13$
6. Berechne, wie oft die **6 in die 13** passt: **2 Mal**. Diese **2** schreibst du hinter das Gleichheitszeichen hinter die schon dort stehende 1.	$73,2 : 6 = 12$ -6 $\;\;13$

So dividierst du schriftlich eine Dezimalzahl	So sieht es aus
7. Jetzt kommt die Gegenrechnung: Multipliziere dazu 2 · 6 = 12. Schreibe dieses Produkt (die 12) stellenrichtig unter die 13.	73,2 : 6 = 12 -6 13 12
8. Setze vor die 12 ein Minus (−) und ziehe einen Strich darunter.	73,2 : 6 = 12 -6 13 -12
9. Subtrahiere nun 13 − 12 = 1. Schreibe diese Differenz (die 1) unter den Strich.	73,2 : 6 = 12 -6 13 } 13-12=1 -12 1
10. Jetzt bist du am Komma angelangt. Setze nun auch in deinem Endergebnis ein Komma und rechne wie gewohnt weiter.	73,2 : 6 = 12, -6 13 -12 1
11. Ziehe nun die nächste Stelle (die 2) herunter und schreibe sie hinter deine Differenz aus dem 9. Schritt (die 1). Du erhältst die Zahl 12.	73,2 : 6 = 12, -6 13 -12 12
12. Berechne, wie oft die 6 in die 12 passt: genau 2 Mal. Diese 2 schreibst du hinter das Gleichheitszeichen hinter das Komma.	73,2 : 6 = 12,2 -6 13 -12 12
13. Jetzt kommt die Gegenrechnung: Multipliziere dazu 2 · 6 = 12. Schreibe dieses Produkt (die 12) stellenrichtig unter die 12.	73,2 : 6 = 12,2 -6 13 -12 12 12
14. Setze vor die untere 12 ein Minus (−) und ziehe einen Strich darunter.	73,2 : 6 = 12,2 -6 13 -12 12 -12

6. Die schriftliche Division − Schriftliche Division von Dezimalzahlen

So dividierst du schriftlich eine Dezimalzahl	So sieht es aus
15. Subtrahiere nun 12 – 12 = 0. Schreibe diese Differenz (die 0) unter den Strich.	73,2 : 6 = 12,2 -6 13 -12 12 -12 } 12-12=0 0
16. Wenn bei deiner Subtraktion als Differenz 0 herauskommt und du bereits alle Ziffern heruntergezogen hast, bist du fertig. Solltest du noch einen Rest haben, ziehe wieder Nullen herunter und rechne weiter, bis bei der Subtaktion 0 herauskommt.	73,2 : 6 = 12,2 -6 13 -12 12 -12 0
17. Fertig! Du hast soeben eine Zahl schriftlich dividiert. Dein Endergebnis lautet 12,2.	73,2 : 6 = 12,2

Du siehst, die schriftliche Division mit Dezimalzahlen ist genauso leicht. Das Geheimnis daran ist, einfach immer nur Ziffer für Ziffer zu berechnen, dann kannst du auch Dezimalzahlen schnell teilen. Rechne wie gewohnt und setze das Komma, wenn du an diese Stelle kommst.

Der Divisor ist eine Dezimalzahl

Wenn der Divisor (die zweite Zahl) eine Dezimalzahl ist, kannst nicht schriftlich dividieren. Aber du kannst die Aufgabe trotzdem berechnen, indem du einen kleinen Trick anwendest: Du verschiebst einfach solange das Komma im Divisor und im Dividend, bis der Divisor keine Dezimalzahl mehr ist. Hat beispielsweise dein Divisor zwei Dezimalstellen, so verschiebst du das Komma im Divisor und im Dividend jeweils um zwei Stellen nach rechts. Der Divisor ist damit praktisch kommafrei. Sollte der Dividend weniger Dezimalstellen haben als der Divisor, so werden die Lücken mit Nullen aufgefüllt. Wenn du dir die Aufgabe 5,778 : 1,8 vorstellst, dann musst du in beiden Zahlen das Komma um jeweils eine Stelle nach rechts verschieben, da der Divisor (die 1,8) eine Dezimalstelle hat. Aus 1,8 wird 18 und aus 5,778 wird 57,78. Anschließend rechnest du nach dem bekannten Schema der schriftlichen Division, bis du an die Stelle kommst, wo du als nächstes das Komma herunter ziehen würdest. Das ziehst du natürlich nicht herunter, sondern setze es einfach in deinem Endergebnis nach dem Gleichheitszeichen. Anschließend ziehst du die erste Ziffer nach dem Komma herunter und rechnest wieder wie gewohnt weiter. Wenn du bei deiner Subtraktion unter dem Strich als Differenz eine 0 herausbekommst und du bereits alle Ziffern herunter gezogen hast, bist du mit deiner Division fertig. Da du in beiden Zahlen (Dividend und Divisor) das Komma um die gleiche Anzahl an Stellen nach rechts verschiebst, ändert sich am Endergebnis nichts. Es kommt trotzdem das Selbe heraus, wie wenn du die ursprünglichen Zahlen dividieren würdest. Genial, oder?

Ich zeige dir nun die schriftliche Division anhand dieses Beispiels, bei dem du ausführlich Schritt für Schritt eine Dezimalzahl durch eine Ganzzahl dividierst.

So dividierst du schriftlich zwei Dezimalzahlen	So sieht es aus
Diese zwei Zahlen sollen dividiert werden.	$5,778 : 1,8$
1. Bevor du mit dem Dividieren beginnst, musst du den Divisor noch kommafrei machen. Der Divisor hat 1 Dezimalstelle, also wird das Komma in beiden Zahlen um eine Stelle nach rechts verschoben: Aus 5,778 : 1,8 wird 57,78 : 18.	$5,778 : 1,8 \rightarrow$ 1 Stelle $5,778 : 1,8$ $\rightarrow 57,78 : 18$
2. Berechne, wie oft die 18 in die 5 passt: 0 Mal, da die 18 größer als die 5 ist.	$57,78 : 18 = 0$
3. Nimm die nächste Stelle (die 7) mit dazu. Du erhältst nun die Zahl 57.	$57,78 : 18 =$
4. Berechne, wie oft die 18 in die 57 passt: 3 Mal. Diese 3 schreibst du hinter das Gleichheitszeichen.	$57,78 : 18 = 3$
5. Jetzt kommt die Gegenrechnung: Multipliziere dazu 3 · 18 = 54. Schreibe dieses Produkt (die 54) stellenrichtig unter die 57.	$57,78 : 18 = 3$ 54
6. Setze vor die 54 ein Minus (–) und ziehe einen Strich darunter.	$57 \quad 18 = 3$ -54

So dividierst du schriftlich zwei Dezimalzahlen	So sieht es aus
7. Subtrahiere nun 57 − 54 = 3. Schreibe diese Differenz (die 3) unter den Strich.	57 78 : 18 = 3 −54 57−54=3 3
8. Jetzt bist du am **Komma** angelangt. Setze nun auch in deinem Endergebnis ein **Komma** und rechne wie gewohnt weiter.	57,78 : 18 = 3, −54 3
9. Ziehe nun die **nächste Stelle** (die 7) herunter und schreibe sie hinter deine Differenz aus dem 7. Schritt (die 3). Du erhältst nun die Zahl **37**.	57,78 : 18 = 3, −54 37
10. Berechne, wie oft die **18** in die **37** passt: **2 Mal**. Diese 2 schreibst du hinter das Gleichheitszeichen hinter das Komma.	57,78 : 18 = 3,2 −54 37

11. Jetzt kommt die **Gegenrechnung**: Multipliziere dazu 2 · 18 = 36. Schreibe dieses Produkt (die 36) stellenrichtig unter die 37.	57,78 : 18 = 3,2
	−54
	   37
	   36

12. Setze vor die 36 ein Minus (−) und ziehe einen **Strich** darunter.	57,78 : 18 = 3,2
	−54
	   37
	  −36

13. Subtrahiere nun 37 − 36 = 1. Schreibe diese Differenz (die 1) unter den Strich.	57,78 : 18 = 3,2
	−54
	   37 37−36=1
	  −36
	    1

14. Ziehe nun die **nächste Stelle** (die 8) herunter und schreibe sie hinter deine Differenz aus dem 13. Schritt (die 1). Du erhältst nun die Zahl **18**.	57,78 : 18 = 3,2
	−54
	   37
	  −36
	   18

15. Berechne, wie oft die **18** in die **18** passt: genau **1 Mal**. Diese 1 schreibst du hinter das Gleichheitszeichen hinter die 2.	57,78 : 18 = 3,21
	−54
	   37
	  −36
	   18

So dividierst du schriftlich zwei Dezimalzahlen	So sieht es aus
16. Jetzt kommt die Gegenrechnung: Multipliziere dazu 1 · 18 = 18. Schreibe dieses Produkt (die 18) unter die 18.	57,78 : 18 = 3,21 -54 37 -36 18 18
17. Setze vor die untere 18 ein Minus (–) und ziehe einen Strich darunter.	57,78 : 18 = 3,21 -54 37 -36 18 -18
18. Subtrahiere nun 18 – 18 = 0. Schreibe diese Differenz (die 0) unter den Strich.	57,78 : 18 = 3,21 -54 37 -36 18 -18 } 18-18=0 0
19. Wenn bei deiner Subtraktion unter dem Strich als Differenz 0 herauskommt und du bereits alle Ziffern heruntergezogen hast, bist du mit deiner Division fertig. Solltest du noch einen Rest haben, ziehe wieder Nullen herunter und rechne weiter, bis bei der Subtaktion 0 herauskommt.	57,78 : 18 = 3,21 -54 37 -36 18 -18 0
20. Fertig! Du hast soeben zwei Dezimalzahlen schriftlich dividiert. Dein Endergebnis lautet 3,21.	5,778 : 1,8 = 3,21

Du siehst, die schriftliche Division mit Dezimalzahlen ist genauso leicht. Das Geheimnis daran ist, einfach immer nur Ziffer für Ziffer zu berechnen, dann kannst du auch Dezimalzahlen schnell teilen. Achte darauf, dass die 2. Zahl kein Komma enthalten darf. Verschiebe dazu in beiden Zahlen das Komma um die gleiche Anzahl an Stellen.

6.3. Die endlose Division

Bei der Division kann dir etwas passieren, das bei keiner anderen Rechenart vorkommt: Du kannst in einer Schleife festsitzen und ewig rechnen. Damit du nicht buchstäblich alt und grau beim Rechnen wirst, musst du sie erkennen, denn du hast ja bestimmt noch etwas besseres vor. Ich zeige dir nun nachfolgend diese endlosen Divisionen und wie du sie erkennst und dabei vorgehst.

Der Schein trügt...

Du rechnest schon länger an einer Aufgabe, hast auch schon im Endergebnis das Komma gesetzt und trotzdem musst du fleißig Nullen herunter ziehen, weil deine Subtraktion immer wieder einen neuen Rest hervorbringt. Mal mehr, mal weniger. Im einfachsten Fall hat das Ergebnis nur ziemlich viele Nachkommastellen, so wie hier. Rechne noch ein paar davon aus und du bist am Ziel. Dies kommt vor allem dann vor, wenn du zwei Dezimalzahlen dividierst, die viele Dezimalstellen haben. Dividierst du beispielsweise die Zahl 155,64915 : 8, dann musst du nach dem Komma noch ganze 8 Mal weiter rechnen, bis deine Subtraktion endlich 0 wird. Das Endergebnis lautet nämlich 19,45614375. Bei dieser Art von Aufgabe handelt es sich um keine Schleife. Auch wenn die Rechnung ziemlich lang wird, musst du alle Stellen berechnen. Hier ist also vor allem Geduld gefragt.

Ich zeige dir nun dieses Beispiel ausführlich Schritt für Schritt.

So dividierst du schriftlich zwei Zahlen	So sieht es aus
Diese zwei Zahlen sollen dividiert werden.	155,64915 : 8
1. Du beginnst ganz normal: Da die 8 nicht in die 1 passt, nimmst du gleich die nächste Stelle (die 5) mit dazu und berechnest, wie oft die 8 in die 15 passt: 1 Mal.	155,64915 : 8 = 1
2. Führe die Gegenrechnung durch (1 · 8 = 8) und subtrahiere diese beiden Zahlen (15 − 8 = 7).	155,64915 : 8 = 1 − 8 7
3. Ziehe nun die nächste Stelle (die 5) herunter und berechne, wie oft die 8 in die 75 passt: 9 Mal.	155,64915 : 8 = 19 − 8↓ 75

So dividierst du schriftlich zwei Zahlen	So sieht es aus
4. Führe die Gegenrechnung durch (9 · 8 = 72) und subtrahiere diese beiden Zahlen (75 − 72 = 3).	155,64915 : 8 = 19 − 8 ――― 75 −72 ――― 3
5. Jetzt bist du am Komma angelangt. Setze nun auch in deinem Endergebnis ein Komma und rechne wie gewohnt weiter.	155,64915 : 8 = 19, − 8 ――― 75 −72 ――― 3
6. Ziehe nun die nächste Stelle (die 6) herunter und schreibe sie hinter deine Differenz aus dem 4. Schritt (hinter die 3). Du erhältst nun die Zahl 36.	155,64915 : 8 = 19, − 8 ――― 75 −72 ――― 36
7. Ich habe die Division für dich weiter gerechnet. Sie ist inzwischen ganz schön lang geworden. Es sind nun alle Ziffern heruntergezogen, jedoch zeigt die Subtraktion ein Rest von 3 an. Du bist also noch nicht fertig und musst weitere Nullen herunter ziehen, bis du die Rechnung abschließen kannst. Du musst dich also noch etwas gedulden...	155,64915 : 8 = 19,45614 − 8 ――― 75 −72 ――― 36 −32 ――― 44 −40 ――― 49 −48 ――― 11 − 8 ――― 35 −32 ――― 3

6. Die schriftliche Division – Der Schein trügt...

So dividierst du schriftlich zwei Zahlen	So sieht es aus
8. **Fertig!** Nachdem du noch **3 Nullen** virtuell herunter gezogen hast, zeigt die Subtraktion endlich den Wert **0** an: Du bist am Ziel, die Division ist nach 10 Durchläufen beendet.	$$\begin{array}{r} 155{,}64915:8=19{,}45614375 \\ \underline{-\ 8} \\ 75 \\ \underline{-72} \\ 36 \\ \underline{-32} \\ 44 \\ \underline{-40} \\ 49 \\ \underline{-48} \\ 11 \\ \underline{-\ 8} \\ 35 \\ \underline{-32} \\ 30 \\ \underline{-24} \\ 60 \\ \underline{-56} \\ 40 \\ \underline{-40} \\ 0 \end{array}$$
9. Dein Endergebnis lautet 19,45614375.	155,64915 : 8 = 19,45614375

In diesem Fall meinst du, es handelt sich um eine endlose Division, da sie einfach nicht enden will. Es ist auch keine Regelmäßigkeit zu erkennen. Hier hilft nur durchhalten...

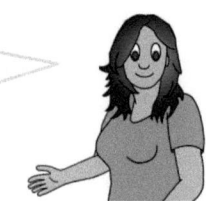

Die kurze Wiederholung

Anders sieht es aus, wenn du 8,5 : 6 rechnest. Die Aufgabe sieht auf den ersten Blick recht leicht aus, jedoch wirst du mit ihr nie fertig. Nachdem du bereits die 6. Subtraktion durchgeführt hast und bei den letzten 4 Subtraktionen immer wieder der Wert 4 herauskam, kannst du getrost abbrechen. Diese Wiederholung setzt sich endlos fort. Dein Quotient lautet inzwischen 1,41666... und das sind erst die ersten drei 6er, es folgen noch unzählige. Diese alle aufzuschreiben macht unser Verlag nicht mit, denn ein Buch darf maximal 700 Seiten stark sein, was aber nicht ausreichen würde.

Wie du siehst, wiederholt sich ständig die Rechnung: Du dividierst 40 ganzzahlig durch 6 und erhältst eine weitere 6 für dein Ergebnis. Anschließend führst du die Gegenrechnung durch und bildest die Differenz aus der 36 (Gegenrechnung) und der zusammengebauten Zahl (der 40) und erhältst dann wieder 4 als Rest. Wenn du jetzt wieder eine Null herunter ziehst und sie an die 4 anbaust, erhältst du wieder den Wert 40.

Diese ständige Wiederholung wird **Periode** genannt. Wenn du eine gewisse Regelmäßigkeit in deiner Rechnung feststellst, kannst du die Division abbrechen. Weiterrechnen bringt in diesem Fall nichts mehr. Die sich ständig wiederholenden Ziffern brauchst du nicht mehr alle hinschreiben, sondern du kannst sie als Periode abkürzen. Dabei musst du lediglich alle Ziffern, die sich nicht wiederholen, wie gewohnt hinschreiben, also im Beispiel 1,41. Dann kommen die vielen 6er. Schreibe nur ein 6 hin, ziehst aber über sie einen Stich: $\overline{6}$. Dadurch kennzeichnest du die Periode. Und die besagt, ab jetzt folgt nur die Ziffer, die unter dem Strich steht: Sechsen bis zum Abwinken!

Ich zeige dir nun dieses Beispiel ausführlich Schritt für Schritt.

So dividierst du schriftlich zwei Zahlen	So sieht es aus
Diese zwei Zahlen sollen dividiert werden.	8,5 : 6
1. Du beginnst ganz normal: Berechne, wie oft die 6 in die 8 passt: 1 Mal.	8,5 : 6 = 1
2. Führe die **Gegenrechnung** durch (1 · 6 = 6) und **subtrahiere** diese beiden Zahlen (8 − 6 = 2).	8,5 : 6 = 1 −6 — 2
3. Setze in deinem Endergebnis ein **Komma**.	8,5 : 6 = 1, −6 — 2

6. Die schriftliche Division – Die kurze Wiederholung

So dividierst du schriftlich zwei Zahlen	So sieht es aus
4. Ziehe nun die nächste Stelle (5) herunter und Berechne, wie oft die 6 in die 25 passt.	8,5:6=1,4 -6 25
5. Führe die Gegenrechnung durch (4 · 6 = 24) und subtrahiere diese beiden Zahlen (25 − 24 = 1).	8,5:6=1,4 -6 25 -24 1
6. Nun sind alle Ziffern herunter gezogen, jedoch zeigt die Subtraktion ein Rest von 1 an. Du bist daher noch nicht fertig und musst virtuelle Nullen herunter ziehen. Du erhältst nun die Zahl 10.	8,5:6=1,4 -6 25 0 -24 10
7. Ich habe für dich ein Stück weiter gerechnet. Wie du bestimmt schon gesehen hast, wiederholt sich die Rechnung: Du dividierst 40 durch 6, bildest die Differenz aus der Gegenrechnung und erhältst dann wieder 4 als Rest. Diese ständige Wiederholung wird Periode genannt. Wenn sich eine gewisse Regelmäßigkeit zeigt, kannst du die Rechnung abbrechen.	8,5:6=1,41666 -6 25 -24 10 0 -6 40 0 -36 40 0 -36 40 -36 4
8. Die Periode kennzeichnest du, indem du über die erste sich wiederhole Ziffer einen Strich ziehst. Hier wiederholt sich die 6, daher wird sie als Periode gekennzeichnet: $\overline{6}$. Die anderen Ziffern bleiben hiervon unberührt stehen.	aus 8,5:6=1,41666… wird 8,5:6=1,41$\overline{6}$
9. Fertig! Dein Endergebnis lautet 1,41$\overline{6}$ (ließ: 1 Komma 4 1 Periode 6).	8,5:6 =1,41$\overline{6}$

> In diesem Fall handelt es sich um eine endlose Division. Du erkennst es daran, dass sich die Rechnung immer wieder wiederholt. Hier kannst du abbrechen und bei sich ständig wiederholenden Ziffern die erste Ziffer mit einem Strich versehen als Periode abkürzen.

Die lange Wiederholung

Ähnlich wie bei 8,5 : 6 sieht es aus, wenn du 30 : 7 rechnest. In dieser Aufgabe hast du nicht einmal ein Komma, dürfte also leicht sein. Aber eins vorneweg: Auch hier wirst du nicht fertig werden. Bei solchen Aufgaben brauchst du vor allem viel Geduld. Du rechnest hier bereits die 6. Nachkommastelle aus und hast noch keine Wiederholung der Ziffernfolge feststellen können. Hier hilft nur weiter rechnen.

Also rechne noch drei Stellen weiter. Nun fällt eine Wiederholung auf: die Ziffernfolge 285 hattest du schon einmal! Nämlich gleich die ersten drei Stellen nach dem Komma: 4,285.... In so einem Fall kannst du davon ausgehen, dass sich die weiteren Stellen auch wiederholen. Das siehst du daran, dass du wieder 50 : 7 rechnen musst, das als Ergebnis eine 7 bringt, die auch die nächste Ziffer in der Wiederholung wäre. Du kannst somit abbrechen, da sich ab jetzt alles wiederholt.

Diese ständige Wiederholung wird **Periode** genannt. Wenn du eine gewisse Regelmäßigkeit in deiner Rechnung feststellst, kannst du die Division abbrechen. Weiterrechnen bringt in diesem Fall nichts mehr. Die sich ständig wiederholenden Ziffern brauchst du nicht mehr alle hinschreiben, sondern du kannst sie als Periode abkürzen. Dabei musst du lediglich alle Ziffern, die sich nicht wiederholen, wie gewohnt aufschreiben. Das ist die 4 vor dem Komma und das Komma selber. Nun musst du nur noch schauen, welche Ziffern sich immer wiederholen. Wie du siehst, beginnen die Nachkommastellen mit 285.... Nach der 4 kommt wieder 285..., daher wiederholen sich die Ziffern zwischen der 2 und der 4. Diese sechs Ziffern (285714) bilden die Periode. Du kennzeichnest sie, indem du über die sich wiederholen Ziffern einen Strich ziehst. Dein Ergebnis lautet demnach 4,$\overline{285714}$ (ließ 4 Komma Periode 2 8 5 7 1 4).

Ich zeige dir nun dieses Beispiel ausführlich Schritt für Schritt.

So dividierst du schriftlich zwei Zahlen	So sieht es aus
Diese zwei Zahlen sollen dividiert werden.	30 : 7
1. Da die 7 nicht in die 3 passt, nimm gleich die nächste Stelle (die 0) mit dazu. Berechne, wie oft die 7 in die 30 passt: 4 Mal.	30 : 7 = 4
2. Führe die Gegenrechnung durch (4 · 7 = 28) und subtrahiere diese beiden Zahlen (30 − 28 = 2).	30 : 7 = 4 −28 2

So dividierst du schriftlich zwei Zahlen	So sieht es aus
3. Jetzt hast du keine Ziffern mehr zum Herunter ziehen. Setze nun in deinem Endergebnis ein Komma und rechne wie gewohnt weiter.	30 : 7 = 4 , −28 2
4. Ziehe nun die erste 0 herunter und schreibe sie hinter die Differenz. Du erhältst nun die Zahl 20.	30 : 7 = 4 , −28 0 20

5. Ich habe für dich weiter gerechnet. Bis jetzt hat das Ergebnis schon 6 Nachkommastellen. Auch wenn die Aufgabe inzwischen recht lang ist, kannst du bislang keine Wiederholung in der Rechnung feststellen. Du musst noch weiter rechnen.	30 : 7 = 4 , 285714
	 −28
	  20
	 −14
	  60
	 −56
	  40
	 −35
	  50
	 −49
	  10
	 − 7
	  30
	 −28
	   2

6. Ich habe drei Stellen weiter gerechnet. Nun fällt eine Wiederholung auf. Die Ziffernfolge 285 hattest du schon einmal: gleich die ersten drei Stellen nach dem Komma. In so einem Fall kannst du davon ausgehen, dass sich die weiteren Stellen auch wiederholen. Das siehst du daran, dass nun wieder 50 : 7 gerechnet wird, das als Ergebnis eine 7 bringt, die auch die nächste Ziffer in der Wiederholung wäre. Du kannst somit abbrechen, da sich ab jetzt alles wiederholt.	30 : 7 = 4 , 285714285
	 −28
	  20
	 −14
	  60
	 −56
	  40
	 −35
	  50
	 −49
	  10
	 − 7
	  30
	 −28
	  20
	 −14
	  60
	 −56
	  40
	 −35
	   5

So dividierst du schriftlich zwei Zahlen	So sieht es aus
7. Nun musst du schauen, welche Ziffern sich immer wiederholen. Wie du siehst, beginnen die Nachkommastellen mit 285.... Nach der 4 kommt wieder 285..., daher wiederholen sich die Ziffern zwischen der 2 und der 4. Diese sechs Ziffern (285714) bilden die Periode.	30 : 7 = 4,285714285 -28 20 -14 60 -56 40 -35 50 -49 10 - 7 30 -28 20 -14 60 -56 40 -35 5
8. Die Periode kennzeichnest du, indem du über die sich wiederholen Ziffern einen Strich ziehst. Hier wiederholen sich 285714, daher wird sie als Periode gekennzeichnet: $\overline{285714}$. Die anderen Ziffern bleiben hiervon unberührt stehen.	aus 30 : 7 = 4,285714285... wird 30 : 7 = 4,$\overline{285714}$
9. Fertig! Dein Endergebnis lautet 4,$\overline{285714}$ (ließ 4 Komma Periode 2 8 5 7 1 4).	30 : 7 = 4,$\overline{285714}$

In diesem Fall handelt es sich um eine endlose Division. Du erkennst es daran, dass sich die Rechnung immer wieder wiederholt. Hier kannst du abbrechen und die sich ständig wiederholenden Ziffern mit einem Strich versehen als Periode abkürzen.

6. Die schriftliche Division – Die lange Wiederholung

6.4. Typische Fehler

Die schriftliche Division ist die schwierigste aller schriftlichen Rechenverfahren. Dies liegt zum Einen daran, dass die Division an sich schon anspruchsvoll ist. Zum anderen besteht die schriftliche Division auch noch aus mehreren Rechenarten, nämlich aus der Multiplikation und der Subtraktion. Mit etwas Übung wirst du auch dieses Rechenverfahren schnell und richtig anwenden. Trotzdem können zu Beginn typische Fehler auftauchen. Einen Fehler ist ärgerlich. Er bedeutet aber nicht, dass du es nicht verstanden hast. Viele Fehler sind einfach nur Leichtsinnsfehler, die entstehen, wenn du unsauber vorgehst. Versuche trotzdem nachzuvollziehen, was du falsch gemacht hast, damit du diesen Fehler bei späteren Aufgaben nicht mehr machst. So vermeidest du, dass der Fehler ignoriert wird und er sich dadurch festigt.

Ich zeige dir nachfolgend einige typische Fehler der schriftlichen Division und wie du sie erkennen kannst. In der Spalte falsch steht die fehlerhafte Aufgabe, in der Spalte richtig die selbe Aufgabe, wie sie eigentlich gelöst werden müsste.

Das ist passiert	So merkst du es	falsch	richtig
Die Ziffer 2 wird herunter gezogen, obwohl sie bereits zusammengefasst wurde. → immer sauber untereinander schreiben!	Dein Ergebnis ist die größte Zahl in der Rechnung.	$224:4=556$ -20 $\overline{22}$ -20 $\overline{24}$ -24 $\overline{0}$	$224:4=56$ -20 $\overline{24}$ -24 $\overline{0}$
Es wurden zu viele Ziffern zusammengefasst. → immer so wenig wie möglich Ziffern zusammenfassen!	Du hast plötzlich große Zahlen zum dividieren.	$912:4=228$ -88 $\overline{32}$ -32 $\overline{0}$	$912:4=228$ -8 $\overline{11}$ -8 $\overline{32}$ -32 $\overline{0}$
Es wurde übersehen, dass der Divisor in den zweiten Teildividenden noch einmal mehr hinein gepasst hätte. → die Teildivisionen genau ausführen!	Dein Rest der Teildivision ist größer als der Dividend.	$912:6=1412$ -6 $\overline{31}$ -24 $\overline{72}$ -72 $\overline{0}$	$912:6=152$ -6 $\overline{31}$ -30 $\overline{12}$ -12 $\overline{0}$

Das ist passiert	So merkst du es	falsch	richtig
Beim Notieren der Differenz wurde die Spalte verrutscht. Deswegen wurde ein Teildividend nicht herunter zogen und daher vergessen. → immer sauber untereinander schreiben!	Du hast einen erkennbaren Versatz in deiner Rechnung.	15620 : 20 = 78 -140 ――― 160 -160 ――― 0	15620 : 20 = 781 -140 ――― 162 -160 ――― 20 -20 ――― 0
Die Null wurde zwar berechnet, aber im Ergebnis nicht notiert. → immer alle Zwischenergebnisse, die du erhältst, auch ins Ergebnis schreiben!	Dieser Fehler ist nicht erkennbar.	606 : 3 = 22 -6 ――― 00 -0 ――― 06 -6 ――― 0	606 : 3 = 202 -6 ――― 00 -0 ――― 06 -6 ――― 0
Der Rest wird durch einfaches Einfügen eines Kommas falsch geschrieben. → immer bis zum Schluss rechnen!	Du hast am Schluss keine 0 unter dem Strich stehen.	202 : 8 = 25,2 -16 ――― 42 -40 ――― 2	202 : 8 = 25,25 -16 ――― 42 -40 ――― 20 -16 ――― 40 -40 ――― 0

Die schriftliche Division ist ein relativ einfaches schriftliches Rechenverfahren, das du mit etwas Übung schnell und richtig anwenden kannst. Versuche bei einem Fehler trotzdem nachzuvollziehen, was du falsch gemacht hast, damit du den gleichen Fehler bei späteren Aufgaben vermeidest.

6.5. Übungen zu „Die schriftliche Division"

→ die Lösungen stehen ab Seite 90

Nachdem du nun die Grundlagen der schriftlichen Division gelernt hast, ist es an der Zeit, dein neues Wissen anzuwenden. Hier findest du viele Übungsaufgaben, bei denen du ausgiebig üben kannst.

14. Dividiere diese zwei Zahlen schriftlich:

a) 80 : 5 =
b) 55 : 5 =
c) 72 : 4 =
d) 42 : 3 =
e) 51 : 3 =
f) 45 : 3 =
g) 129 : 3 =
h) 315 : 9 =
i) 320 : 4 =
j) 291 : 3 =
k) 285 : 3 =
l) 159 : 3 =

15. Dividiere diese zwei Zahlen schriftlich:

a) 3016 : 4 =
b) 2556 : 3 =
c) 3072 : 8 =
d) 2310 : 7 =
e) 1936 : 2 =
f) 5895 : 9 =
g) 50562 : 6 =
h) 27207 : 3 =
i) 31584 : 6 =
j) 39208 : 8 =
k) 7720 : 1 =
l) 11765 : 5 =

16. Dividiere diese zwei Zahlen schriftlich:

a) 191 : 10 =   b) 553 : 2 =
c) 299 : 8 =   d) 809 : 8 =
e) 406 : 5 =   f) 357 : 8 =
g) 865 : 4 =   h) 5255 : 8 =
i) 6025 : 8 =   j) 3315 : 8 =
k) 2071 : 8 =   l) 1409 : 8 =

17. Dividiere diese zwei Zahlen schriftlich:

a) 902 : 11 =   b) 715 : 11 =
c) 891 : 11 =   d) 1023 : 11 =
e) 1140 : 12 =   f) 5088 : 12 =
g) 5916 : 12 =   h) 7860 : 12 =
i) 225200 : 25 =   j) 62150 : 25 =
k) 249850 : 25 =   l) 147425 : 25 =

18. Dividiere diese zwei Zahlen schriftlich:

a) 32,8 : 8 =   b) 31 : 10 =
c) 15,2 : 8 =   d) 36,4 : 7 =
e) 141,4 : 2 =   f) 497,5 : 5 =
g) 315,5 : 5 =   h) 324,8 : 4 =
i) 64,79 : 1,1 =   j) 47,76 : 1,2 =
k) 37,08 : 1,2 =   l) 127,35 : 1,5 =

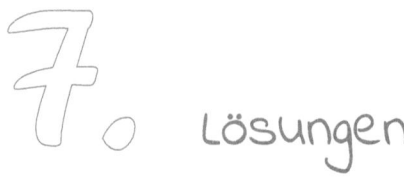
7. Lösungen

Die gezeigten Lösungen sind nur eine Variante – du kannst die Aufgaben auch anders lösen. Wichtig ist dabei nur, dass dein Ergebnis am Ende dem unserer Lösung entspricht.

Lösungen zu „Die schriftliche Addition" (Seite 19)

1. Addiere diese drei Zahlen schriftlich. Schreibe sie zuerst sauber untereinander.

a)
```
    107
     48
 +  60
    1 1
   215
```

b)
```
    26
    23
  +32
     1
    81
```

c)
```
   104
   107
 + 47
     1
   258
```

d)
```
   103
    21
  +100
   224
```

e)
```
   2788
   4987
 +10784
    2 2 1
  18559
```

f)
```
   2392
   7755
  +9577
    1 2 1
  19724
```

g)
```
   5017
   5217
 +12610
    1    1
  22844
```

h)
```
    5418
   11067
  + 9596
    1 1 1 2
   26081
```

i)
```
   391461
   754150
  +718974
    1 1 1 1
  1864585
```

j)
```
   436277
   652603
  +462023
    1 1   1 1
  1550903
```

k)
```
   702006
   971389
  +885225
    1    1 2
  2558620
```

l)
```
   799345
   979684
  +906287
    1 2 1 2 1
  2685316
```

2. **Addiere diese vier Zahlen schriftlich. Schreibe sie zuerst sauber untereinander.**

	a)	b)	c)	d)	e)	f)
	72	15	108	108	6824	6744
	47	81	87	70	4133	11784
	83	46	126	76	3024	7082
	+127	+122	+ 78	+123	+12991	+ 4254
	2 1	1 1	1 2	1 1	1 1 1 1	1 1 2 1
	329	264	399	377	26972	29864

	g)	h)	i)	j)	k)	l)
	5628	1839	800070	439863	614120	761292
	2039	10481	457304	618820	1080575	324838
	5792	10242	826781	303669	405880	544381
	+5599	+ 6592	+525220	+498715	+ 810572	+748374
	2 2 2	2 2 1	1 1 1 1	1 3 3 1 1	1 1 1 2 2	1 1 1 2 1
	19058	29154	2609375	1861067	2911147	2378885

3. **Addiere diese sechs Zahlen schriftlich. Schreibe sie zuerst sauber untereinander.**

	a)	b)	c)	d)	e)	f)
	103	26	92	64	1379	10917
	48	119	49	74	2447	10386
	92	54	72	44	5807	10104
	112	120	124	64	11483	10271
	56	94	108	75	13134	8181
	+129	+ 83	+124	+143	+14392	+15221
	2 3	2 2	2 2	3 2	1 2 3 3	1 2 2 2
	540	496	569	464	48642	65080

	g)	h)	i)	j)	k)	l)
	6807	6223	664152	778505	946240	821824
	10283	7511	249703	444392	402766	510541
	9756	8731	1210424	882771	322939	794391
	12760	4482	1189561	803747	1172944	1069581
	11573	14467	1187116	1051857	1444906	1488068
	+10866	+14437	+1364064	+1461026	+ 801415	+1559463
	2 4 3 2	3 2 2 2	1 3 3 2 2 2	3 3 2 3 2 2	3 1 2 4 2 3	3 3 3 2 3 1
	62045	55851	5865020	5422298	5091210	6243868

4. **Addiere diese drei Dezimalzahlen schriftlich. Schreibe sie zuerst sauber untereinander. Ergänze eventuell fehlende Dezimalstellen.**

	a)	b)	c)	d)	e)	f)
	8,07	76,79	48,28	43,70	35,726	26,178
	53,17	76,23	54,89	84,21	39,222	65,750
	+67,11	+84,31	+31,62	+84,25	+94,434	+84,978
	1 1	1 1 1	1 1 1	1 1	1 1 1	1 1 2 1
	128,35	237,33	134,79	212,16	169,382	176,906

	g)	h)	i)	j)	k)	l)
	80,750	13,626	23,0216	92,9348	56,8123	68,5975
	3,719	1,617	29,5000	192,2000	874,7000	95,0000
	+87,387	+97,732	+638,7300	+830,9200	+968,0300	+931,2200
	1 1 1 1	1 1 1	2 1	2 2	1 1 1	1 1
	171,856	112,975	691,2516	1116,0548	1899,5423	1094,8175

Lösungen zu „Die schriftliche Subtraktion" (Seite 34)

5. Subtrahiere diese drei Zahlen schriftlich. Schreibe sie zuerst sauber untereinander.

a) 156
   14
− 59
  1 1
  83

b) 146
  50
− 40
   1
  56

c) 218
  83
− 89
  2 1
  46

d) 214
  52
− 67
  2 1
  95

e) 2314
  685
− 873
  2 2 1
  756

f) 2364
  899
− 479
  2 2 2
  986

g) 23469
  6775
− 8812
  2 2 1
  7882

h) 20195
  8280
− 3410
   2 1
  8505

i) 251212
  81518
−114331
 1 1 1 1 1
  55363

j) 187616
  54384
− 63181
  1 2 1
  70051

k) 2445990
 1054769
− 899749
 1 2 1 1 1 2
  491472

l) 2414588
  817827
−1143931
   1 1 1 2
  452830

6. Subtrahiere diese vier Zahlen schriftlich. Schreibe sie zuerst sauber untereinander.

a) 325
  96
 120
− 67
  2 1
  42

b) 386
  79
  97
− 93
  2 2
  117

c) 371
  48
 114
−118
  1 2
  91

d) 244
  53
  85
− 54
  2 1
  52

e) 3424
  861
  870
−1150
  2 2
  543

f) 2799
  789
  469
−1031
  1 1 1
  510

g) 30334
  4284
  8237
− 8402
  3 1 1 1
  9411

h) 30142
  9521
  2664
−12443
  2 2 1 1
  5514

i) 282090
  90671
  87499
− 55487
  2 2 2 2 2
  48433

j) 267196
  14006
  48390
− 85401
  1 2 1 1 1
  119399

k) 3307942
  319995
 1027642
−1344310
 1 1 2 2 2 1
  615995

l) 3161879
 1030951
  588818
− 508948
 1 1 2 2 1 1
 1033162

7. Subtrahiere diese sechs Zahlen schriftlich. Schreibe sie zuerst sauber untereinander.

a) 439
  84
  52
  73
 141
− 70
  3 1
  19

b) 495
  79
  59
  45
 112
−145
  2 3
  55

c) 449
  67
  50
  44
  68
−159
  3 2
  61

d) 394
  72
 118
  52
  75
− 64
  2 2
  13

e) 5896
  743
  733
 1168
 1307
−1336
  2 1 3
  609

f) 5347
  728
  511
  877
 1163
−1263
  3 2 2
  805

g)	51777	h)	57577	i)	385733	j)	466635	k)	5570087	l)	6139139
	4344		13681		56655		55347		725304		1392268
	11621		5637		33635		52083		1145706		700730
	5363		10000		78061		44864		1136200		557355
	9645		14934		62720		83750		1024297		1427481
	−14725		−11705		−127155		−147757		− 819211		−1239785
	3 2 2 2		1 3 1 1		2 3 2 2 2		3 2 3 3 2		2 1 4 2 1 2		3 2 2 3 3 1
	6079		1620		27507		82834		719369		821520

8. **Subtrahiere diese drei Dezimalzahlen schriftlich. Schreibe sie zuerst sauber untereinander. Ergänze eventuell fehlende Dezimalstellen.**

a)	856,64	b)	1253,66	c)	388,2	d)	1011,27
	530,40		737,50		94,6		569,50
	−277,24		− 485,16		−237,6		− 367,77
	1 1		1 1 1		1 1 1		1 2 2 1
	49,00		31,00		56,0		74,00
e)	577,435	f)	908,327	g)	197,857	h)	1582,134
	110,700		652,600		66,500		815,500
	−457,690		−241,060		−116,420		− 720,430
	1 1 1		1 1 1		1 1		1 1 1
	9,045		14,667		14,937		46,204
i)	797,32925	j)	982,04453	k)	1698,30185	l)	951,59347
	295,00000		175,30000		978,20000		128,60000
	−455,78000		−786,12000		− 718,99000		−787,57000
	1 1 1 1		1 1 1		1 1 1 1		1 2 1
	46,54925		20,62453		1,11185		35,42347

Lösungen zu „Die schriftliche Multiplikation" (Seite 53)

9. **Multipliziere diese zwei Zahlen schriftlich.**

a)	189 · 7	b)	171 · 6	c)	178 · 5	d)	171 · 9
	1323		1026		890		1539
e)	130 · 7	f)	133 · 8	g)	2349 · 2	h)	6066 · 9
	910		1064		4698		54594
i)	3930 · 6	j)	8312 · 4	k)	8473 · 8	l)	6934 · 9
	23580		33248		67784		62406

10. Multipliziere diese zwei Zahlen schriftlich.

a) 4392 · 61
```
 26352
  4392
     1
267912
```

b) 2474 · 87
```
19792
17318
  1 1 1
215238
```

c) 5943 · 58
```
29715
47544
 1 1
344694
```

d) 4138 · 63
```
24828
12414
    1
260694
```

e) 2225 · 73
```
15575
 6675
 1 1 1
162425
```

f) 2468 · 82
```
19744
 4936
 1 1 1
202376
```

g) 540691 · 25
```
1081382
2703455
     1 1
13517275
```

h) 179346 · 38
```
 538038
1434768
   1 11
6815148
```

i) 843044 · 51
```
4215220
 843044
 1 1 1 1
42995244
```

j) 399135 · 32
```
1197405
 798270
 1 1 1 1
12772320
```

k) 778192 · 63
```
4669152
2334576
 1 1 1
49026096
```

l) 492474 · 85
```
3939792
2462370
1 1 1 1
41860290
```

11. Multipliziere diese zwei Zahlen schriftlich.

a) 974 · 682
```
5844
7792
1948
 1 1 2
664268
```

b) 116 · 357
```
348
580
812
 1 2
41412
```

c) 3744 · 157
```
 3744
18720
26208
  1 1
587808
```

d) 8434 · 811
```
67472
 8434
 8434
   1 1
6839974
```

e) 3880 · 712
```
27160
 3880
 7760
   2 1
2762560
```

f) 9393 · 800
```
75144
 0000
 0000
7514400
```

g) 247963 · 2116
```
495926
247963
247963
1487778
1 1 2 2 1 1
524689708
```

h) 501632 · 2180
```
1003264
 501632
4013056
 000000
      1
1093557760
```

i) 462529 · 3313
```
1387587
1387587
 462529
1387587
1 2 2 2 2 1 1
1532358577
```

j) 365315 · 6950
```
2191890
3287835
1826575
 000000
  1 1 1 2   1
2538939250
```

k) 399450 · 9981
```
3595050
3595050
3195600
 399450
  1 1 1 2 2
3986910450
```

l) 503568 · 3930
```
1510704
4532112
1510704
 000000
      1 1
1979022240
```

12. Multipliziere diese drei Zahlen schriftlich.

a) $51 \cdot 81 \cdot 47$
    408
    51
    1
    ─────
    4131 · 47
    16524
    28917
    1 1
    ─────
    194157

b) $12 \cdot 14 \cdot 54$
    12
    48
    ─────
    168 · 54
    840
    672
    1
    ─────
    9072

c) $97 \cdot 81 \cdot 61$
    776
    97
    1
    ─────
    7857 · 61
    47142
    7857
    1
    ─────
    479277

d) $81 \cdot 74 \cdot 90$
    567
    324
    ─────
    5994 · 90
    53946
    0000
    ─────
    539460

e) $493 \cdot 55 \cdot 45$
    2465
    2465
    1 1
    ─────
    27115 · 45
    108460
    135575
    1 1 1
    ─────
    1220175

f) $349 \cdot 87 \cdot 83$
    2792
    2443
    1 1
    ─────
    30363 · 83
    242904
    91089
    1 1 1
    ─────
    2520129

g) $111 \cdot 22 \cdot 59$
    222
    222
    ─────
    2442 · 59
    12210
    21978
    1
    ─────
    144078

h) $889 \cdot 15 \cdot 53$
    889
    4445
    1 1
    ─────
    13335 · 53
    66675
    40005
    1
    ─────
    706755

i) $9067 \cdot 948 \cdot 28$
    81603
    36268
    72536
    1 1 1
    ─────
    8595516 · 28
    17191032
    68764128
    1 1 1
    ─────
    240674448

j) $9327 \cdot 142 \cdot 82$
    9327
    37308
    18654
    1 1 1 1
    ─────
    1324434 · 82
    10595472
    2648868
    1 1 1 1
    ─────
    108603588

k) $2850 \cdot 297 \cdot 68$
    5700
    25650
    19950
    1 1 1
    ─────
    846450 · 68
    5078700
    6771600
    1 1
    ─────
    57558600

l) $3466 \cdot 667 \cdot 54$
    20796
    20796
    24262
    1 2 1 1
    ─────
    2311822 · 54
    11559110
    9247288
    1 1
    ─────
    124838388

13. Multipliziere diese zwei Dezimalzahlen schriftlich.

a) $5{,}8 \cdot 5{,}5$
    290
    290
    1
    ─────
    31,90

b) $3{,}2 \cdot 5{,}5$
    160
    160
    1
    ─────
    17,60

c) $7{,}3 \cdot 3{,}5$
    219
    365
    1
    ─────
    25,55

d) $4{,}2 \cdot 9{,}1$
    378
    42
    1
    ─────
    38,22

e) $0{,}38 \cdot 8{,}6$
    0304
    0228
    ─────
    3,268

f) $7{,}96 \cdot 9{,}5$
    7164
    3980
    1 1
    ─────
    75,620

g) $3{,}63 \cdot 8{,}5$
    2904
    1815
    1
    ─────
    30,855

h) $9{,}64 \cdot 0{,}7$
    000
    6748
    ─────
    6,748

i) $7{,}225 \cdot 8{,}4$
    57800
    28900
    1 1
    ─────
    60,6900

j) $0{,}394 \cdot 5{,}8$
    01970
    03152
    1
    ─────
    2,2852

k) $9{,}571 \cdot 1{,}79$
    9571
    66997
    86139
    2 2 1 1
    ─────
    17,13209

l) $7{,}752 \cdot 9{,}36$
    69768
    23256
    46512
    1 1 1 1
    ─────
    72,55872

Lösungen zu „Die schriftliche Division" (Seite 82)

14. Dividiere diese zwei Zahlen schriftlich:

a) $80:5=\underline{16}$
-5
$\overline{30}$
-30
$\overline{0}$

b) $55:5=\underline{11}$
-5
$\overline{05}$
-5
$\overline{0}$

c) $72:4=\underline{18}$
-4
$\overline{32}$
-32
$\overline{0}$

d) $42:3=\underline{14}$
-3
$\overline{12}$
-12
$\overline{0}$

e) $51:3=\underline{17}$
-3
$\overline{21}$
-21
$\overline{0}$

f) $45:3=\underline{15}$
-3
$\overline{15}$
-15
$\overline{0}$

g) $129:3=\underline{43}$
-12
$\overline{09}$
-9
$\overline{0}$

h) $315:9=\underline{35}$
-27
$\overline{45}$
-45
$\overline{0}$

i) $320:4=\underline{80}$
-32
$\overline{00}$
-0
$\overline{0}$

j) $291:3=\underline{97}$
-27
$\overline{21}$
-21
$\overline{0}$

k) $285:3=\underline{95}$
-27
$\overline{15}$
-15
$\overline{0}$

l) $159:3=\underline{53}$
-15
$\overline{09}$
-9
$\overline{0}$

15. Dividiere diese zwei Zahlen schriftlich:

a) $3016:4=\underline{754}$
-28
$\overline{21}$
-20
$\overline{16}$
-16
$\overline{0}$

b) $2556:3=\underline{852}$
-24
$\overline{15}$
-15
$\overline{06}$
-6
$\overline{0}$

c) $3072:8=\underline{384}$
-24
$\overline{67}$
-64
$\overline{32}$
-32
$\overline{0}$

d) $2310:7=\underline{330}$
-21
$\overline{21}$
-21
$\overline{00}$
-0
$\overline{0}$

e) $1936:2=\underline{968}$
-18
$\overline{13}$
-12
$\overline{16}$
-16
$\overline{0}$

f) $5895:9=\underline{655}$
-54
$\overline{49}$
-45
$\overline{45}$
-45
$\overline{0}$

g) $50562:6=\underline{8427}$
-48
$\overline{25}$
-24
$\overline{16}$
-12
$\overline{42}$
-42
$\overline{0}$

h) $27207:3=\underline{9069}$
-27
$\overline{02}$
-0
$\overline{20}$
-18
$\overline{27}$
-27
$\overline{0}$

i) $31584:6=\underline{5264}$
-30
$\overline{15}$
-12
$\overline{38}$
-36
$\overline{24}$
-24
$\overline{0}$

j) $39208:8=\underline{4901}$
-32
$\overline{72}$
-72
$\overline{00}$
-0
$\overline{08}$
-8
$\overline{0}$

k) $7720:1=\underline{7720}$
-7
$\overline{07}$
-7
$\overline{02}$
-2
$\overline{00}$
-0
$\overline{0}$

l) $11765:5=\underline{2353}$
-10
$\overline{17}$
-15
$\overline{26}$
-25
$\overline{15}$
-15
$\overline{0}$

16. Dividiere diese zwei Zahlen schriftlich:

a) 191 : 10 = 19,1
```
-10
 91
-90
 10
-10
  0
```

b) 553 : 2 = 276,5
```
-4
15
-14
 13
-12
 10
-10
  0
```

c) 299 : 8 = 37,375
```
-24
 59
-56
 30
-24
 60
-56
 40
-40
  0
```

d) 809 : 8 = 101,125
```
-8
00
-0
09
-8
10
-8
20
-16
 40
-40
  0
```

e) 406 : 5 = 81,2
```
-40
 06
 -5
 10
-10
  0
```

f) 357 : 8 = 44,625
```
-32
 37
-32
 50
-48
 20
-16
 40
-40
  0
```

g) 865 : 4 = 216,25
```
-8
06
-4
25
-24
 10
- 8
 20
-20
  0
```

h) 5255 : 8 = 656,875
```
-48
 45
-40
 55
-48
 70
-64
 60
-56
 40
-40
  0
```

i) 6025 : 8 = 753,125
```
-56
 42
-40
 25
-24
 10
- 8
 20
-16
 40
-40
  0
```

j) 3315 : 8 = 414,375
```
-32
 11
- 8
 35
-32
 30
-24
 60
-56
 40
-40
  0
```

k) 2071 : 8 = 258,875
```
-16
 47
-40
 71
-64
 70
-64
 60
-56
 40
-40
  0
```

l) 1409 : 8 = 176,125
```
- 8
 60
-56
 49
-48
 10
- 8
 20
-16
 40
-40
  0
```

17. Dividiere diese zwei Zahlen schriftlich:

a) 902 : 11 = <u>82</u>
　　-88
　　――
　　　22
　　-22
　　――
　　　　0

b) 715 : 11 = <u>65</u>
　　-66
　　――
　　　55
　　-55
　　――
　　　　0

c) 891 : 11 = <u>81</u>
　　-88
　　――
　　　11
　　-11
　　――
　　　　0

d) 1023 : 11 = <u>93</u>
　　 -99
　　 ――
　　　33
　　-33
　　――
　　　　0

e) 1140 : 12 = <u>95</u>
　　-108
　　――
　　　60
　　-60
　　――
　　　　0

f) 5088 : 12 = <u>424</u>
　　-48
　　――
　　　28
　　-24
　　――
　　　48
　　-48
　　――
　　　　0

g) 5916 : 12 = <u>493</u>
　　-48
　　――
　　111
　　-108
　　――
　　　36
　　-36
　　――
　　　　0

h) 7860 : 12 = <u>655</u>
　　-72
　　――
　　　66
　　-60
　　――
　　　60
　　-60
　　――
　　　　0

i) 225200 : 25 = <u>9008</u>
　　-225
　　――
　　　02
　　 -0
　　――
　　　20
　　 -0
　　――
　　　200
　　-200
　　――
　　　　0

j) 62150 : 25 = <u>2486</u>
　　-50
　　――
　　121
　　-100
　　――
　　　215
　　-200
　　――
　　　150
　　-150
　　――
　　　　0

k) 249850 : 25 = <u>9994</u>
　　-225
　　――
　　248
　　-225
　　――
　　　235
　　-225
　　――
　　　100
　　-100
　　――
　　　　0

l) 147425 : 25 = <u>5897</u>
　　-125
　　――
　　224
　　-200
　　――
　　　242
　　-225
　　――
　　　175
　　-175
　　――
　　　　0

18. Dividiere diese zwei Zahlen schriftlich:

a) 32,8 : 8 = <u>4,1</u>
　　-32
　　――
　　　08
　　 -8
　　――
　　　　0

b) 31 : 10 = <u>3,1</u>
　　-30
　　――
　　　10
　　-10
　　――
　　　　0

c) 15,2 : 8 = <u>1,9</u>
　　 -8
　　――
　　　72
　　-72
　　――
　　　　0

d) 36,4 : 7 = <u>5,2</u>
　　-35
　　――
　　　14
　　-14
　　――
　　　　0

e) 141,4 : 2 = <u>70,7</u>
　　-14
　　――
　　　01
　　 -0
　　――
　　　14
　　-14
　　――
　　　　0

f) 497,5 : 5 = <u>99,5</u>
　　-45
　　――
　　　47
　　-45
　　――
　　　25
　　-25
　　――
　　　　0

g) 315,5 : 5 = <u>63,1</u>
    −30
    ───
     15
    −15
    ───
     05
     −5
    ───
      0

h) 324,8 : 4 = <u>81,2</u>
    −32
    ───
     04
     −4
    ───
     08
     −8
    ───
      0

i) 64,79 : 1,1 =
  → 647,9 : 11 = <u>58,9</u>
    −55
    ───
     97
    −88
    ───
     99
    −99
    ───
      0

j) 47,76 : 2,2 =
  → 477,6 : 12 = <u>39,8</u>
    −36
    ───
    117
   −108
    ───
     96
    −96
    ───
      0

k) 37,08 : 1,2 =
  → 370,8 : 12 = <u>30,9</u>
    −36
    ───
     10
    − 0
    ───
    108
   −108
    ───
      0

l) 127,35 : 1,5 =
  → 1273,5 : 15 = <u>84,9</u>
   −120
    ───
     73
    −60
    ───
    135
   −135
    ───
      0

7. Lösungen – Lösungen

8. Stichwortverzeichnis

A...
Addition..................8, 38

D...
Dezimalen........15, 29, 47, 65
Dezimalzahl..................
..................6, 15, 29, 47, 65
Differenz......................21
Dividend......................55
Division......................55
Divisor.......................55

E...
Einer...........................5

F...
Faktor........................36
Fehler............17, 32, 51, 80

G...
ganzzahlig................57, 61
Gegenrechnung............57, 62
Geteilt-Durch-Doppel-
 punkt.......................55

H...
Hunderter......................6
Hundertstel....................7

K...
Komma........15, 29, 47, 62, 65
Kommutativgesetz.............49

M...
Mal-Punkt....................36
Minuend.......................21
Minuszeichen..................21
Multiplikand..................36
Multiplikation................36
Multiplikator.................36

P...
Periode...................75, 77
Pluszeichen....................8
Produkt.......................36
Punktrechnung............36, 55

Q...
Quotient......................55

R...
Rest..........................61

S...
Stelle..........................5
Stellenwert..................5, 7
Strichrechnung.............8, 21
Subtrahend....................21
Subtraktion...................21
Summand.......................8
Summe.........................8

T...
Tausender......................6
Teilprodukt...................39
Trick.....................49, 68

U...
Übertrag.............11, 24, 39

Z...
Zehner.........................6
Zehntel........................7
Ziffern........................5

Über die Website

Unter dem Motto „leichter Mathe lernen in der Community!" bietet dir das kostenlose Webportal mathetreff-online.de bei deinem Besuch viele Infos rund um das Thema Mathematik. Die Inhalte sind hauptsächlich für Grund-, Haupt- und Realschüler optimiert, können aber auch für andere Schularten verwendet werden.

Die Website ist in drei große Bereiche unterteilt:

- Im Bereich Wissen findest du unser Mathelexikon. Damit angefangen, eine „normale" Formelsammlung für die eigene Realschule mit entsprechenden Beispielen bereitzustellen, finden sich heute über 700 Einträge von A wie Abbildungsmaßstab bis hin zu Z wie Zylinder. Als Ergänzung und „Mathelexikon2go" findest du hier auch unser umfangreiches Karteikartensystem zum Selber basteln.
- Im Bereich Action findest du Übungsaufgaben, natürlich mit entsprechender ausführlicher Lösung, zu verschiedensten Themen zum Rechnen, aber auch Konstruktionen. Außerdem sind viele interaktive Lektionen verfügbar, die du direkt am Computer „durcharbeiten" kannst.
- In der Rubrik Fun soll der Spaß nicht zu kurz kommen. Hier findest du viele Matherätsel und Mathewitze, Quiz und online abrufbare Spiele sowie unzählige Bastelbögen, mit denen du allerlei mathematische Körper basteln kannst.

Grundsätzlich lässt sich die Website ohne Registrierung nutzen. Damit du selbst jedoch Forenbeiträge oder Kommentare schreiben kannst, ist eine kostenlose Registrierung erforderlich.

Wir freuen uns auf deinen Besuch unter http://www.mathetreff-online.de!

Einfach nebenstehenden QR-Code scannen und hinsurfen! Ich freue mich auf dich!

weitere Bücher von mathetreff-online

Folgende weitere Bücher sind im Buchfachhandel erhältlich:

Dreieckskonstruktionen – einfach erklärt

In diesem Buch wird dir alles Relevante zum Thema Dreieckskonstruktionen erklärt. Leicht verständliche Erklärungen gehören ebenso dazu wie ausführliche und bebilderte Schritt-für-Schritt-Anleitungen. 80 Übungsaufgaben mit entsprechender Lösung bestehend aus Konstruktionsanleitung und fertiger Konstruktionszeichnung in Originalgröße komplettieren dieses Buch.

64 Seiten • ISBN: 978-3734735981 • Books on Demand

Bruchrechnen – einfach erklärt

In diesem Buch wird dir alles Relevante zum Thema Bruchrechnen erklärt. Leicht verständliche Erklärungen gehören ebenso dazu wie ausführliche und bebilderte Schritt-für-Schritt-Anleitungen. 474 Übungsaufgaben mit entsprechender Lösung komplettieren dieses Buch.

80 Seiten • ISBN: 978-3734748806 • Books on Demand